La culture des champignons,

son extension et son amélioration

W.Robinson

Writat

Cette édition parue en 2024

ISBN : 9789359946597

Publié par
Writat
email : info@writat.com

Contenu

PRÉFACE. ....- 1 -
OÙ LES CHAMPIGNONS PEUVENT ÊTRE CULTIVÉS. - 3 -
CHAPITRE PREMIER. ....- 4 -
CHAPITRE II ....- 13 -
CHAPITRE III. ....- 19 -
CHAPITRE IV. ....- 25 -
CHAPITRE V. ....- 31 -
CHAPITRE VI. ....- 40 -
CHAPITRE VII. ....- 53 -
CHAPITRE VIII. ....- 57 -
CHAPITRE IX. ....- 60 -
CHAPITRE X. ....- 64 -
CHAPITRE XI. ....- 68 -
CHAPITRE XII. ....- 72 -

PRÉFACE.

MES raisons pour écrire ce livre sont les suivantes : Premièrement, la culture des champignons est peu pratiquée dans ce pays par rapport à l'étendue avec laquelle elle devrait l'être, compte tenu de l'abondance des matériaux nécessaires dans toutes les parties de ces îles, tant en ville qu'à la campagne. , et la haute estime dans laquelle le Champignon est tenu. Je fais maintenant référence à la culture ordinaire des champignons telle qu'elle est pratiquée dans nos meilleurs jardins privés. Je crois qu'il est possible et désirable d'étendre à un degré décuplé cette seule phase de la culture qui peut être qualifiée de populaire, et que tout lieu où sont gardés un jardinier et des chevaux soit abondamment approvisionné en champignons pendant la plus grande partie du monde. l'année. Deuxièmement, bien que la culture des champignons telle qu'elle est habituellement pratiquée soit parfaitement connue des bons cultivateurs, un compte rendu plus simple et plus complet que celui qui a paru jusqu'à présent dans aucun livre anglais sur le sujet est souhaitable pour l'amateur et le cultivateur non pratiqué. Troisièmement, la culture des champignons est actuellement confinée à un sillon trop étroit ; et la conviction que le grand public jardinier devrait avoir une idée large et claire des différentes manières par lesquelles il peut se procurer une abondance d'excellents champignons à des dépenses très minimes. Même la plupart des meilleurs producteurs privés n'y pensent jamais, sauf comme le montrent leurs plates-bandes relativement petites dans les petites maisons. Je crois que si la connaissance de la facilité et des nombreuses manières de les cultiver, en dehors du mode habituel, était suffisamment répandue, cela conduirait à une production plusieurs fois supérieure à notre production actuelle. Quatrièmement, le désir d'introduire dans ce pays et dans d'autres pays le système de culture des champignons à très grande échelle pratiqué dans des cavernes situées sous les environs de Paris, cavernes que j'ai visitées en 1868.

À ces raisons, je pourrais ajouter le souhait d'attirer l'attention sur le gaspillage d'argent pour le frai des champignons qui se produit désormais dans presque tous les jardins. Il n'y a pas la moindre nécessité pour cela. Dans chaque jardin où l'on cultive des champignons, on peut produire une abondance de œufs. MWP AYRES m'écrit récemment pour me dire que dans un grand jardin du Midland où la facture de frai s'élevait autrefois à 18 *l.* ou 19 *litres.* par an, en sauvant le blanc comme le font les cultivateurs parisiens, toute dépense pour cet article est supprimée.

Je n'essaie pas de vanter ni même de peser dûment les mérites du Champignon - cela ne pourrait être fait de manière adéquate que par l'immortel BRILLAT-SAVARIN . Il semble cependant avoir quelque peu négligé ce *légume le plus précieux* . Nul autre que son âme sérieuse n'aurait pu aborder le sujet avec la solennité nécessaire. Personne d'autre que celui qui a vu le premier les profonds dangers d'une alimentation précipitée, irréfléchie et irrévérencieuse, n'aurait pu rendre justice à sa saveur exquise lorsqu'elle était dans les meilleures conditions, ni expliquer à quel point elle combinait délicieusement les vertus de l'herbe et de la chair, indiciblement supérieures à celles de l'herbe. soit. Citons au passage un de ses aphorismes, qui a contribué à former le *socle éternel à la science* : « *La découverte d'un mets nouveau fait plus pour le bonheur du genre humain que la découverte d'une étoile !* »

Maintenant, je n'hésite pas à dire que l'introduction du champignon dans notre économie domestique, dans la mesure où nous avons la possibilité de le produire, serait pratiquement l'ajout d'un nouvel agent dans notre *cuisine* , sans égal. pour sa délicatesse et son utilité inégalée. Il est vrai que le champignon est abondant en sa saison, mais il est chez nous, dans toutes les saisons où il ne faut pas le cueillir en plein air, un luxe pour nombre de propriétaires de jardins qui ont les moyens de le cultiver. Quant à la classe beaucoup plus nombreuse qui devrait être approvisionnée sur nos marchés, elle voit ou goûte rarement un champignon, sauf lorsque ceux-ci se trouvent en abondance dans nos champs, bien que chaque charrette de fumier d'écurie produite dans ce grand pays équestre puisse, sur son chemin vers la décomposition et la reconstitution de la terre, soit fait un nidus pour en fournir de nombreux plats.

[viii]

Les illustrations montrant la culture rupestre des champignons sont tirées de mes « Parcs, Promenades et Jardins de Paris ». Et le <u>frontispice</u> est d'après deux grandes coupes des champignonnières de Paris, parues dans l' *Illustrated London News* quelque temps après la parution de mon ouvrage. Les illustrations de champignons comestibles sont de M. WORTHINGTON G. SMITH , qui connaît et dessine si bien ces sujets intéressants ; et les autres chiffres sont de M. HODGKIN .

OÙ LES CHAMPIGNONS PEUVENT ÊTRE CULTIVÉS.

LES endroits dans lesquels les champignons peuvent être cultivés peuvent être grossièrement regroupés comme suit :—1. Dans la champignonnière proprement dite. 2. Dans les hangars, caves, dépendances, écuries, passages de chemin de fer, etc. 3. Dans des grottes profondes, comme celles des environs de Paris, décrites plus loin. 4. En plein air, dans les jardins ou les champs, sur des massifs préparés. 5. Dans les jardins, parmi diverses cultures, sans aucune préparation autre que l'insertion du blanc. 6. Dans les pâturages où le champignon n'est pas encore implanté.

A ceux-là, je pourrais ajouter un autre groupe, illustré par le cas d'un cuisinier belge qui faisait pousser un plat de champignons dans une paire de vieux sabots en bois ; mais pratiquement nous pouvons traiter de presque tous les modes possibles de culture du champignon sous les rubriques ci-dessus.

CHAPITRE I.

CULTURE DE CHAMPIGNONS DANS LA MAISON DES CHAMPIGNONS.

Fig. 1. Champignonnière à l'arrière des serres.

LA CULTURE en champignonnière étant la phase la plus pratiquée et, en somme, la phase la plus importante du sujet, nous la traiterons d'abord. Et d'abord de la champignonnière elle-même. Sa construction est très simple : les conditions à obtenir sont une température égale, sécurisée par des murs épais ou creux et par une double toiture. La figure 1 montre une maison conçue pour moi par M. Ormson, le constructeur horticole bien connu.

Il est situé à l'arrière des serres, où peut passer un tuyau de départ et de retour pour la chaleur artificielle. Les étagères sur lesquelles faire les lits sont en ardoise de 1½ po d'épaisseur, ou en pierre de 2½ po d'épaisseur, encastrées dans les murs et dans des piliers en brique construits en ciment. Des ardoises verticales, à glisser dans les rainures, sont placées le long du devant des étagères pour maintenir les lits à l'intérieur.

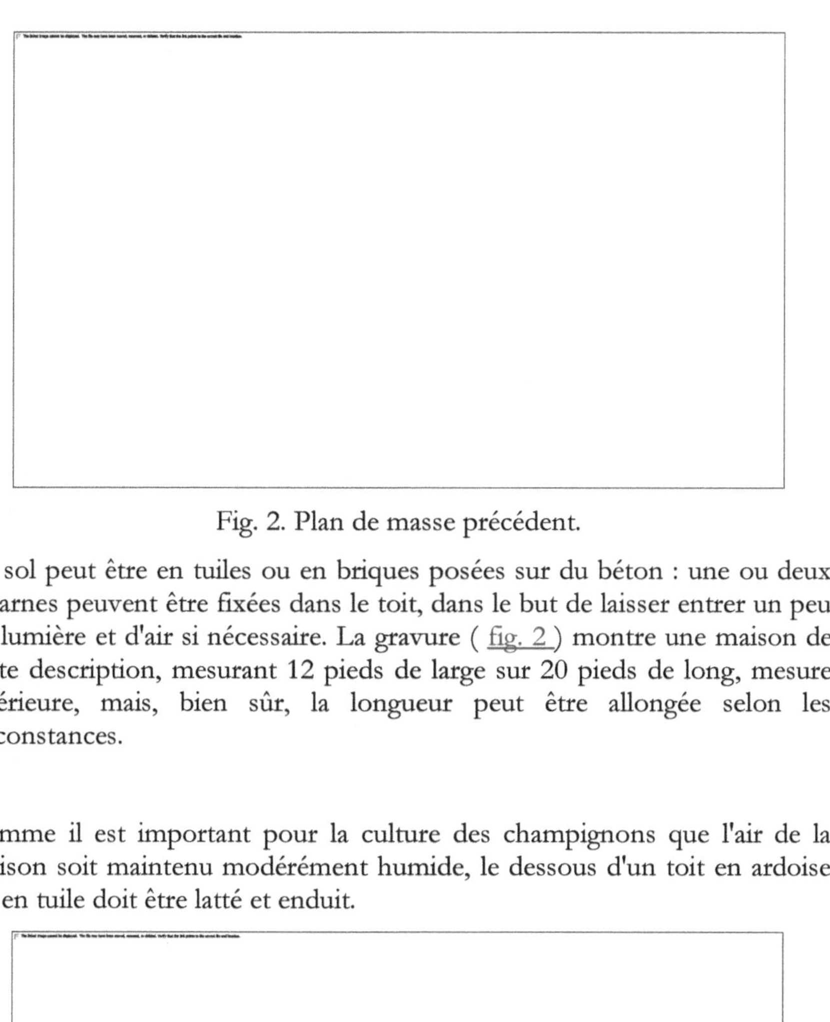

Fig. 2. Plan de masse précédent.

Le sol peut être en tuiles ou en briques posées sur du béton : une ou deux lucarnes peuvent être fixées dans le toit, dans le but de laisser entrer un peu de lumière et d'air si nécessaire. La gravure (fig. 2) montre une maison de cette description, mesurant 12 pieds de large sur 20 pieds de long, mesure intérieure, mais, bien sûr, la longueur peut être allongée selon les circonstances.

Comme il est important pour la culture des champignons que l'air de la maison soit maintenu modérément humide, le dessous d'un toit en ardoise ou en tuile doit être latté et enduit.

Fig. 3. Vue d'une champignonnière non chauffée.

Fig. 4. Coupe de la figure précédente.

<u>La figure 3</u> représente une champignonnière adaptée aux personnes de faibles moyens, ou à celles qui ne peuvent adopter le plan n° 1. Elle est conçue en vue de cultiver des champignons pendant la plus grande partie de l'année, sans l'aide de chaleur artificielle. À cette fin, il est construit de manière à ne pas être affecté par les changements de température extérieure, comme le montre la gravure. Les murs sont creux et arrondis par la terre excavée de l'intérieur. Le toit est en chaume avec des roseaux, et les extrémités en colombages, doublées intérieurement de planches, et extérieurement de poteaux fendus de mélèze : la cavité doit être remplie de sciure ou de paille coupée ; un petit ventilateur en forme de losange, accroché sur des pivots, à fixer à chaque extrémité. Le sol peut être en béton ou en terre cuite bien damé ; et les lits sont retenus à leur place par des planches clouées sur de bons poteaux de chêne. Il convient de veiller à installer des drains efficaces, afin qu'aucune humidité stagnante ne puisse exister autour du bâtiment.

Fig. 5. Section de champignonnière à Frogmore.

Bien que les coupes précédentes montrent comment nous pouvons atteindre au mieux notre objectif, quelques illustrations supplémentaires de champignonnières sont souhaitables ici. Les figures 5 et 6 montrent le plan des champignonnières de Frogmore, obligeamment communiqué par M. Rose.

Fig. 6. Plan au sol de la maison aux champignons à Frogmore.

Il est à peine besoin de dire que dans de si grandes champignonnières, la rhubarbe et le chou marin peuvent être facilement forcés, ainsi que la barbe de capucin, l'endive, etc. blanchi.

Un petit appareil à eau chaude, avec un tuyau d'arrivée et de retour de 3 pouces, constitue le meilleur moyen de chauffer une champignonnière qui n'est pas située de manière à pouvoir être chauffée par les chaudières des serres adjacentes. La meilleure position pour le champignonnier est contre un mur nord. Les précautions habituelles pour se prémunir contre l'humidité des murs et du sol doivent être adoptées dans le cas de la champignonnière, et les murs doivent être creux.

La champignonnière de Forsyth est décrite par le concepteur dans le Loudon's *Gardener's Magazine* . La figure 7 est une coupe transversale montrant les arceaux sous et au-dessus des lits, le passage *a* étant le milieu et la position des conduites d'eau chaude *c* ; *b* est un hangar ouvert et un atelier général, réceptacle de tout ce qui nécessite une protection, et trop encombrant pour être logé autrement.

Fig. 7. Maison champignon sous hangar.

Un hangar de cette description est un complément indispensable à tout jardin bien ordonné, et dans le cas présent, il sert de toit au champignonnier. Au centre de chaque voûte, illustrée à la fig. 7 , il faut fabriquer un ventilateur circulaire *d de* 9 pouces de diamètre, ayant un bouchon en pierre et en fonte, avec un anneau pliant. Tout le toit de la champignonnière est recouvert de pavés qui forment en même temps le sol du hangar situé au-dessus. M. Forsyth s'oppose aux étagères en fonte « à cause de la rouille, et aux étagères en ardoise, comme étant froides et humides, et par conséquent inappropriées à cet usage » ; mais il ne voit aucune objection aux étagères construites en briques et en mortier, bordées de pierres de taille de 3 pouces de large et serrées ensemble avec du plomb.

Fig. 8. Maison aux champignons à Stoke Place.

Figure 9.

Les diagrammes annexés (figs. 8 et 9) montrent les champignonnières utilisées à Stoke Place, tant pour l'été que pour l'hiver, telles que décrites par Macintosh dans le « Livre du jardin ». « Bien entendu, le premier n'est pas chauffé ; ce dernier est, par des tuyaux d'eau chaude de 4 pouces, qui sont amenés d'une chaudière construite pour chauffer en même temps une série de fosses pour pins, melons, etc., 89 pieds de long et 7 pieds de large. Les étagères sont à fond fermé pour éviter que les plates-bandes ne sèchent trop rapidement et pour nécessiter moins d'arrosage, ce que M. Patrick considère comme une précaution très importante dans la culture des champignons. La ventilation est assurée par une glissière dans la porte et par un tronc en bois traversant l'arche et le toit, avec également une glissière. Nous ne voyons pas exactement pourquoi M. Patrick, que nous connaissons depuis longtemps et estimons comme l'un des meilleurs jardiniers d'Angleterre, a adopté le toit à travées de cette maison, qui, de par sa situation derrière le mur du jardin, constitue un appentis. le toit aurait été moins cher et aurait mieux évacué l'eau de pluie. C'est plutôt une nouveauté, mais c'est quand même un bon plan, de faire construire le toit intérieur d'une arche de brique, car cela protégera bien sûr le toit extérieur de la pourriture, à laquelle tous les toits de champignonnières sont plus sujets que tout autre type de construction. bâtiment de jardin. Cette maison nous parut à première vue très complète, sauf en largeur. Nous devrions l'augmenter à 9 pieds, c'est-à-dire 3 pieds pour la largeur des lits de chaque côté, et de même pour le sentier, qui est actuellement incommodement étroit.

Fig. 10. Champignon russe.

La champignonnière russe (fig. 10) est ainsi décrite par M. Oldacre, dans les *Transactions de la Horticultural Society* , vol. ii. première série. « Les murs extérieurs doivent avoir une hauteur de 8½ pieds pour quatre hauteurs de lits, et 6½ pour trois hauteurs, et une largeur de 10 pieds à l'intérieur des murs. C'est la largeur la plus pratique, car elle admet des étagères de 3½ pieds de large de chaque côté, et offre un espace au milieu de la maison de 3 pieds de large, pour un double conduit et une promenade dessus. Les conduites d'eau chaude n'étaient pas utilisées lorsque cette maison a été construite. « Les murs doivent avoir 9 pouces d'épaisseur et la longueur de la maison qui peut être jugée nécessaire. Lorsque l'extérieur de la maison est construit, placez dessus un plafond (aussi haut que le haut des murs) de planches de 1 pouce d'épaisseur, et enduisez-le sur la face supérieure avec du sable de route bien travaillé, de 1 pouce d'épaisseur (ceci sera trouvé supérieur à la chaux), laissant des troncs carrés, *f*, dans le plafond de 9 pouces de largeur, jusqu'au milieu de la maison, à 6 pieds de distance les uns des autres, avec des toboggans, *s*, sous eux, pour admettre et décoller aérer si nécessaire. Ceci étant fait, ériger deux murs d'une seule brique, *vv*, chacun de cinq briques de hauteur, à une distance de 3½ pieds des murs extérieurs, pour soutenir les côtés des lits inférieurs, *aa*, et former un côté du conduit d'air. , *tutu*, laissant 3 pieds au milieu, *txt*, de la maison pour le sol. Sur ces murs, *vv*, poser des planches, *tu*, de 4½ pouces de largeur et 3 pouces d'épaisseur, dans lesquelles mortaiser les montants, *tk*, qui soutiennent les étagères. Ces normes doivent mesurer 3½ pouces carrés, être placées à 4 pieds 6 pouces les unes des autres et fixées en haut aux solives du plafond. Lorsque les montants seront dressés, fixez les traverses *inin* qui doivent soutenir les étagères *oo*, en mortaisant une extrémité de chacune dans les montants *n*, l'autre dans les murs *i*. Le premier groupe de porteurs doit être à 2 pieds du sol, et chacun des supports suivants doit être placé à 2 pieds de celui en dessous. Après avoir ainsi fixé les montants, *tk*, et les supports, *à* une hauteur telle que le bâtiment le permet, procéder à la formation des étagères, *oo*, avec des planches de 1½ pouces d'épaisseur, en veillant à placer une planche, *dd*, de 8 pouces de largeur et 1 pouce d'épaisseur, à l'avant de chaque étagère, pour soutenir l'avant des lits. Fixez cette planche sur les montants extérieurs, afin que la largeur des lits ne soit pas diminuée. Les étagères étant terminées, il reste ensuite à construire le conduit de fumée (*p* en coupe), qui doit commencer à l'extrémité de la maison près de la porte, être parallèle aux étagères sur toute la longueur de la maison, et retournez au foyer, là où la cheminée doit être construite ; les côtés du conduit à l'intérieur doivent avoir la hauteur de quatre briques posées à plat et 6 pouces de largeur, ce qui fera la largeur des conduits de 15 pouces de l'extérieur vers l'extérieur, et laissera une cavité, *tu*, de chaque côté entre le conduit et les murs qui sont sous les étagères, et un, *xy*, au milieu, entre les conduits, de 2 pouces de large, pour admettre la chaleur dans la maison depuis les côtés des conduits. L'introduction de cette forme de maison par M. Oldacre a conduit à de grandes améliorations dans notre culture des champignons. La première maison de ce genre érigée en Angleterre a été construite à Shipley, près de Derby, dans le jardin de EM Mundy, Esq., par le père de MWP Ayres, dont le nom sera fréquemment mentionné dans cet ouvrage. Des arcs en brique ont été formés pour les étagères et, bien que construite il y a plus d'un demi-siècle, la maison est toujours en bon état.

Bien que l'ardoise soit généralement utilisée pour les étagères, l'adoption de grilles en fonte à cet effet vaut la peine d'être essayée, car cela permettrait peut-être de couper des champignons aussi bien sur le dessous que sur le dessus du lit.

CHAPITRE II

LA PRÉPARATION DES MATÉRIAUX, ETC.

AVANT d'aborder les différentes manières de cultiver le champignon, nous parlerons de la préparation du matériel. Comme le fumier d'étable non seulement fournit la nourriture, mais constitue le sol même dans lequel les champignons sont produits artificiellement, et fournit également la chaleur qui nous permet de les cultiver à la perfection en toutes saisons, le point de loin le plus important lié à leur culture est la gestion de cela. C'est une méthode très simple, mais souvent, même par d'excellents jardiniers, elle considère qu'elle demande beaucoup plus de peine et de subtilité qu'il n'en faut réellement. Par exemple, il est assez courant dans les bons jardins de voir les excréments ramassés avec soin dans quelque hangar ou dans la champignonnière, et retournés presque aussi tendrement et soigneusement que le contenu de la fruitière. Les bons champignons valent bien cette peine ; mais comme c'est tout à fait inutile, on ne devrait le faire que dans des cas particuliers.

Pour montrer la diversité des opinions parmi les excellents cultivateurs de champignons sur la préparation du fumier, je citerai quelques-unes de nos autorités les plus dignes de confiance en la matière. M. W. Early, dans « Comment cultiver des champignons », insiste beaucoup sur l'importance de rassembler les excréments à l'état sec. « Il faut profiter au maximum des possibilités de les sécuriser et de les placer dans n'importe quel hangar ouvert, ou dans toute autre position similaire, où ils peuvent être efficacement à l'abri des pluies. Dans un tel endroit, pendant que le processus de collecte est en cours, chaque portion doit être étalée sans serrer sur le sol, en crêtes de taille moyenne, ou de toute autre manière permettant à l'air de pénétrer entre elles pour faciliter le séchage. Il doit également être retourné ou retourné et allégé quotidiennement dans le même but, jusqu'à ce qu'une quantité suffisante soit rassemblée pour une utilisation immédiate.

Ceci peut être considéré comme un exemple de la pratique très largement suivie dans ce pays. Heureusement, nous avons d'excellents producteurs de champignons qui réussissent sans tous ces problèmes, comme le montreront les remarques suivantes de M. J. Barnes : « Depuis trente ans, j'ai fait mes lits entièrement à même le sol dans des hangars, en roulant dans l'écurie. fumier tel qu'il est apporté frais de l'étable, en ajoutant un quart, ou un peu plus d'un quart, de bon terreau friable, en mélangeant bien les deux, en appuyant fermement et en le laissant rester environ une semaine intact. Au bout de ce temps, nous le retournons, et si nous le considérons dans un état de fermentation trop fort, nous ajoutons un peu plus de terre, puis nous le foulons fermement. Très vite, le lit est prêt à frayer et enfoui dans quelques pouces de terre ; et c'est ainsi que nous obtenons les plus belles récoltes de champignons, les plates-bandes restant longtemps en production. Après que les lits ont mis un certain temps, disons de six à douze semaines, à porter, et commencent à sécher et cessent de bien porter, nous les arrosons abondamment avec du fumier liquide très clair, fabriqué à partir de fumier de mouton, de cerf ou de vache, qui Il semble que nous les remettions en production, et ensuite nous parvenons à maintenir certains lits en production pendant plusieurs mois à la fois. Dans The *Field* , le 22 décembre 1868, j'ai déclaré que le fumier destiné aux champignonnières des jardins royaux de Frogmore n'était pas préparé de manière élaborée, mais simplement tiré d'un grand tas fermentant dans la cour, toutes parties de celui qui était devenu blanc par la chaleur était humidifié avec de l'eau, et le tout étant mélangé avec environ un quart de terreau. M. Cuthill, une autorité en matière de culture des champignons, nous raconte comment les maraîchers de Londres se débrouillent avec leur fumier. A mesure que le matériau est ramené des écuries de Londres, la partie courte en est retirée, et la litière longue est conservée dans le but de le couvrir ainsi que de former l'intérieur des crêtes ; car tous les parterres de champignons à l'extérieur sont transformés en crêtes. Le fumier ne doit pas chauffer avant d'être mis dans les lits, si cela peut être évité ; car un matériau préalablement chauffé ne produit pas de champignons aussi fins. Plus le fumier de cheval est frais, plus la récolte durera longtemps, et tout jardinier qui prépare des massifs avec des fientes non chauffées sait combien ils sont supérieurs au fumier fermenté.

Dans sa propre pratique, M. C. dépendait beaucoup d'un piétinement intensif pour « maintenir la fermentation à un niveau bas » lorsque les excréments étaient utilisés à l'état frais. Les Français, grands producteurs de champignons, laissent d'abord chauffer le fumier, mais le traitent très simplement. On le prépare en plein air, en enlevant d'abord les morceaux de bois ou autres matières étrangères qui auraient pu y être mêlés, puis on le place long et court en lits de deux pieds d'épaisseur ou un peu plus, en le pressant avec la fourchette. Lorsque cela est fait, la masse ou le lit est bien estampé, puis abondamment arrosé et enfin pressé de nouveau par estampage. On le laisse dans cet état pendant huit ou dix jours, après quoi il a commencé à fermenter, après quoi le lit doit être bien retourné et refait au même endroit, en ayant soin de placer le fumier qui se trouvait à proximité. les côtés d'abord vers le centre lors du tournage et de la refonte. On laisse ensuite la masse encore une dizaine de jours, au bout desquels le fumier est à peu près en bon état pour constituer les lits, soit à l'air libre, soit dans les grottes. Quelquefois on le retourne trois fois, surtout quand le fumier est long, et sa préparation prend en tout environ six semaines. Pendant que les hommes retournent les larges tas, un chariot à eau reste à côté, et toutes les parties de la masse qui sont sèches et blanches à cause de la chaleur sont humidifiées avec l'eau d'un arrosoir à roses. Cette préparation raccourcit et adoucit considérablement le matériau le plus long, mélange bien la masse et la transfère dans les grottes dans un état légèrement décomposé, bien mélangé et humide, mais non mouillé. Les Français ne martelent pas ou ne piétinent pas désespérément les plates-bandes, comme le recommandent presque tous nos auteurs sur la culture des champignons, mais ils les pressent assez fermement ; et j'ai vu d'aussi bonnes récoltes sur leurs lits légers et spongieux que sur ceux si fermement piétinés. Je pourrais citer d'autres exemples frappants de la diversité des opinions sur ce sujet, mais il est inutile de les multiplier.

Mes conclusions concernant la préparation du fumier pour champignons sont les suivantes : -1. Qu'une préparation très soignée et un retournement fréquent du fumier sous abri ne sont pas nécessaires au succès, et qu'il est tout à fait inutile de préparer le fumier sous abri, sauf lorsqu'il est recueilli en très petite quantité, de sorte qu'une forte pluie ou de la neige pourrait saturez-le. Toutefois, lorsque la culture est pratiquée sur une très petite échelle et qu'il se peut qu'un seul lit soit fait, il est préférable de le conserver dans un hangar couvert. 2. Que les crottes soigneusement cueillies ne sont pas essentielles, même si elles peuvent être plus pratiques. D'excellentes récoltes sont récoltées sur des plates-bandes faites avec du fumier d'étable ordinaire, des fientes et des matériaux longs mélangés au fur et à mesure ; mais lorsque le fumier est utilisé tel qu'il vient de l'étable, il faut le laisser fermenter avant d'être utilisé. 3. Que la meilleure façon de préparer le fumier pour la culture générale des champignons en intérieur est de le rassembler dans un endroit ferme et de lui permettre de perdre sa chaleur brûlante. Comme ils sont généralement rassemblés de manière irrégulière, il est difficile de donner des instructions précises quant au retournement ; mais je suis convaincu qu'un seul retournement suffira quand il aura atteint une forte chaleur, et ensuite il faudra le mélanger pendant environ une semaine, lorsque, en étant dérangé et retiré pour faire le ou les lits, sa forte chaleur sera suffisamment sobre. Lorsque de grandes quantités de fumier d'étable sont en fermentation, il ne devrait y avoir aucune difficulté à sélectionner à tout moment les matériaux nécessaires à la formation d'un lit. S'il avait trop dépensé sa chaleur, il serait facile de le ranimer avec quelques crottes fraîches. 4. Ce fumier d'étable peut être utilisé frais, mais il doit toujours être mélangé avec plus d'un quart de bon sol limoneux. Si celui-ci est conservé sous abri, ou empilé de manière à pouvoir être conservé dans un état plutôt sec, tant mieux, surtout si le fumier frais, etc., doit être trop humide. Les plates-bandes ainsi réalisées conviennent mieux aux hangars frais et aux jardins ouverts. 5. Qu'une portion, disons près d'un cinquième à un tiers, de bon terreau et plutôt sec puisse toujours être avantageusement mélangée au fumier d'écurie ; plus les matériaux sont frais, plus il faut utiliser de terreau. Dans tous les cas, cela contribue à solidifier le lit, et il est probable que l'ajout de terreau ajoute à la fertilité et à la durée du lit. 6. Qu'une épaisseur d'un pied à quinze pouces pour les lits d'une maison chauffée artificiellement est tout à fait suffisante. Dix-huit pouces ne seront pas trop pour des plates-bandes faites dans des hangars, bien que j'aie vu d'excellentes récoltes sur des plates-bandes d'un pied seulement d'épaisseur, dans des hangars communs dont les côtés fuient. Tous les lits faits à l'intérieur doivent être plats et fermement battus, bien que le manque de fermeté ne soit pas, comme certains le pensent, suffisant pour expliquer l'échec.

Je vais maintenant citer quelques mots de M. Ayres sur d'autres matériaux pour former des champignonnières que le fumier d'écurie. Il a accordé une certaine attention à ce sujet, comme à presque tous les sujets importants du domaine de l'horticulture. Parmi celles-ci, on peut citer en premier lieu les sciures qui ont été utilisées pour la litière des chevaux ou pour les pistes des manèges. Une telle substance, complètement imprégnée d'urine et mélangée avec du crottin de cheval, forme un excellent matériau pour les champignonnières, surtout si elle est mélangée avec un quart de bon terreau fibreux. De telles matières mélangées et fermentées ensemble, et jetées dans un lit d'un pied ou dix-huit pouces d'épaisseur, selon la température du hangar dans lequel le lit est fait, se révéleront constituer une matière capitale pour la culture de cet esculent, d'autant plus qu'il retient la chaleur pendant longtemps. Le pire, c'est que le matériau n'a presque plus de valeur une fois qu'il a rempli son premier objectif ; et utilisé comme fumier sur un terrain léger est plutôt nuisible qu'autrement. On pourra alors employer des feuilles et de la terre glaise, à raison d'une partie de celle-ci, à l'état gazonné, pour quatre ou cinq de feuilles en fermentation. Ceux-ci peuvent être récemment cueillis sur les arbres et doivent être autorisés à atteindre une chaleur vive avant d'ajouter le terreau, puis, après avoir transpiré pendant une semaine ou dix jours, ils peuvent être retournés, mélangeant intimement les matériaux ensemble, puis la masse peut être formé en un lit. Un champignon de ce genre ne devrait pas avoir moins de quinze pouces d'épaisseur une fois bien consolidé ; et lorsqu'il est ainsi géré, il produira des champignons aussi bien que du fumier. Les balayages de nos rues et de nos marchés aux bestiaux, surtout dans les parties pavées et très fréquentées par les chevaux, comme par exemple les stands de taxis, etc., s'ils sont ramassés secs et un peu fermentés, fournissent une matière capitale pour les lits. Nous avons ici, du marché aux bestiaux, des bouses de chevaux, de moutons et de vaches mélangées à l'état finement divisé, dont le chauffage est doux et régulier. Un matériel de ce genre, obtenu les jours secs, mélangé pour fermenter une ou deux fois, puis transformé en lits bien consolidés, produira des champignons de la plus belle qualité et continuera à porter très longtemps. Il est de la première importance que ces matériaux soient collectés à l'état sec, ce qui n'est évidemment pas possible avec la boue des rues. Des proportions égales de déchets de rue et de feuilles fraîches, convenablement fermentées et mélangées à de la terre glaise, constitueraient peut-être un matériau aussi bon que nécessaire pour la culture des champignons. Bien entendu, les déchets provenant des quartiers de la ville les plus fréquentés par les chevaux seront les meilleurs pour le but dont je parle.

J'ai déjà évoqué l'idée que les champignons cessent d'être prolifiques à cause de l'épuisement du fumier actif dans le lit. Dernièrement, plusieurs expériences ont été tentées qui m'ont convaincu qu'en prenant trois portions de feuilles récemment cueillies dans une portion de terreau gazonné et en les travaillant bien ensemble jusqu'à ce que la masse atteigne la température désirée, en l'aspergeant, à mesure que le travail de retournement se poursuit, de liquide directement des écuries, et en formant un lit traité de la manière habituelle, il donnera d'aussi bons champignons que le meilleur fumier de cheval du monde. C'est l'ammoniac qui est recherché pour cette culture, avec une chaleur douce. Sécurisez ces deux choses, et, avec un soin ordinaire, le succès est certain.

Avant de faire les lits, pendant que le matériel est en préparation, toutes les particules de vieux bois, brindilles, etc., qui se trouvent dans le fumier, doivent être enlevées, ainsi que toutes les matières étrangères susceptibles de se révéler offensantes ou inutiles.

Le meilleur moment pour faire des champignonnières, là où elles ne sont pas régulièrement faites successivement tout au long des mois d'automne et d'hiver, comme elles devraient l'être là où il y a abondance de matériel et une bonne champignonnière, est en août et septembre, comme en Dans les premiers mois de l'automne, la chaleur naturelle est suffisante pour que le frai germe librement, et les plates-bandes faites alors devraient porter librement avant et jusqu'à Noël et pendant l'automne.

Lors de la fabrication du lit, le principal objectif à garder à l'esprit est la disposition égale des matériaux. Il doit être bien mélangé et placé régulièrement et fermement pour que l'ensemble ait une texture similaire. Certains piétinent et martèlent lourdement leur lit pour assurer sa fermeté ; modérément fait, cela est bénéfique ; une pression parfaitement égale avec la fourche, lorsque la fourche peut être utilisée, sera suffisante avec la pression d'une mise à la terre ferme ; lorsque les lits sont faits sur des bancs surélevés dans des caisses, et dans toutes les positions où une légère masse de matériau est utilisée et où la fermeté ne peut résulter de la pression générale de la masse, une sorte de pression avec un maillet en bois ou similaire doit être exercée. employé.

Les lits une fois constitués, nous arrivons ensuite à la frayère et nous demanderons d'abord : Qu'est-ce que la ponte ?

CHAPITRE III.

FRAISES DE CHAMPIGNONS.

LA première chose que nous devons déterminer est : qu'est-ce que le spawn ? Généralement, le blanc, ou ce qu'on appelle en langage scientifique le *mycélium* , est censé être analogue à la graine, alors qu'il s'agit en réalité de ce qu'on peut appeler la végétation de la plante, ou quelque chose d'analogue aux racines, tiges et feuilles des plantes ordinaires. , la partie visible ou tige, tête et branchies, du champignon étant, en fait, la fructification, quoique dans une prépondérance si apparente sur les autres parties. La connaissance de l'anatomie et de l'histoire biologique du champignon n'est pas nécessaire au cultivateur et n'est pas familière même à ceux qui étudient les champignons. On sait que les branchies sont simplement des surfaces sur lesquelles sont produits des germes ou des spores. La membrane qui recouvre les plaques de spores d'un seul champignon couvrirait un grand espace si elle était étendue, et les spores se comptent par myriades. Nous pouvons les voir assez clairement au microscope, nous pouvons voir de quelle manière ils sont portés et fixés sur les branchies ; mais de l'histoire de leur vie, depuis le moment où ils tombent des surfaces sur lesquelles ils sont nés, jusqu'à ce que le « jeune champignon » ou inflorescence pousse vigoureusement hors de la masse de végétation délicate qu'ils ont engendrée dans la terre ou en décomposition. du fumier, nous n'en savons rien. Cependant, la préparation du blanc et sa gestion ultérieure dans la champignonnière sont les sujets qui nous préoccupent le plus.

Comment le spawn est-il obtenu en premier lieu ? On le trouve à l'état naturel dans les tas de fumier à moitié décomposés, dans les endroits où les crottes de chevaux se sont accumulées et maintenues au sec, dans les manèges, les hangars auxquels les chevaux ont depuis longtemps accès, dans les « chemins de moulins » couverts, dans les pâturages, dans les serres partiellement pourries, etc., et rarement ou jamais dans des matériaux très humides ou saturés. Ce blanc, appelé quelquefois « naturel » dans ce pays, et appelé par les Français « blanc », est le meilleur qu'on puisse obtenir, et il faut l'utiliser de préférence partout où on le trouve. Pour l'utiliser, il suffit de diviser la matière imprégnée par le blanc en morceaux de quelques pouces carrés, et disons d'un pouce ou plus d'épaisseur. Bien sûr, ils se briseront irrégulièrement, mais il faudra les utiliser tous, qu'ils aient la taille d'un grain ou presque celle d'une main ouverte. Ensuite, ils sont insérés de la manière habituelle dans la surface des champignonnières.

Dans presque toutes les campagnes, et dans de nombreuses banlieues, en fait, dans la plupart des endroits où l'on élève des chevaux, il existe des occasions de trouver ce frai. Ses fils blancs, filamenteux et duveteux ont une odeur de champignon, et le blanc est donc très facilement reconnaissable. Il faut généralement savoir qu'il n'est pas nécessaire de l'utiliser une fois trouvé, mais qu'il peut être séché et conservé pour être utilisé dans un endroit sec pendant des années, et qu'on sait qu'il se conserve jusqu'à quatorze ans. Il ne faut pas supposer que ce sont uniquement les briques dures décrites plus loin qui conservent ainsi. Le blanc français est dans une matière beaucoup plus lâche et plus légère que celle dans laquelle on trouve habituellement *du mycélium* à l'état naturel, et il se conserve aussi longtemps que le nôtre. Pour conserver le frai trouvé à l'état naturel, il suffit de ramasser avec soin les parties du fumier dans lesquelles il se trouve, de ne pas les briser plus que nécessaire et de placer les petits et les grands morceaux sans serrer dans des endroits peu profonds et peu profonds. paniers. Ceux-ci doivent être placés dans un grenier ou un hangar sec et aéré jusqu'à ce qu'ils soient complètement secs, puis conservés dans un endroit parfaitement sec, emballés dans des boîtes grossières jusqu'à leur utilisation.

11. Champignons en brique.

Mais comme dans ce pays, à l'heure actuelle, on n'a besoin que de peu de blanc de champignon en un seul endroit, la règle est d'obtenir du blanc de champignon artificiel sous forme de briques dures. Ce blanc est fabriqué à partir de crottes de cheval et de quelques bouse de vache et grattages de route battus dans un hangar pour obtenir une consistance semblable à un mortier, puis transformés en briques, de forme légèrement différente selon les fabricants, mais généralement plus fines et plus larges que les briques de construction courantes. Diverses recettes sont données pour mélanger les matériaux des briques, et parmi elles les suivantes sont les meilleures : - 1. La crotte de cheval constitue la majeure partie, la bouse de vache un quart et le reste de l'argile. 2. Du crottin de cheval frais mélangé avec de la litière courte pour la plus grande partie, un tiers de bouse de vache et le reste de terreau ou de limon. 3. Boussier de cheval, bouse de vache et terreau à parts égales. Ces briques sont placées dans un endroit sec et aéré, et lorsqu'elles sont à moitié sèches, un petit morceau de blanc à peu près gros comme une noisette est placé au centre de chacune d'elles ; ou quelquefois, lorsque les briques sont aussi larges que longues, une particule est placée près de chaque coin, juste insérée au-dessous de la surface, et recouverte de la composition dont les briques sont faites. Lorsque les briques sont presque sèches, on les place sur un foyer d'environ un pied d'épaisseur, dans un hangar ou dans un endroit sec. Là-dessus, les briques sont empilées, ou placées assez ouvertement et lâchement, et recouvertes de litière, afin que la chaleur puisse circuler équitablement entre elles. La température ne doit pas s'élever de plus d'un degré ou deux au-dessus de 60 degrés ; si tel est le cas, il peut facilement être modifié en réduisant ou en supprimant la couverture de litière. Les fabricants examinent fréquemment les briques au cours du processus, et lorsqu'il s'avère que le blanc s'est répandu dans toute la brique comme une fine moisissure blanche, il est retiré et laissé sécher pour une utilisation future dans un endroit sombre et sec. Si on le laisse aller plus loin que le stade de fine moisissure blanche et former des fils et des tubercules dans les briques, il a alors atteint un degré de développement plus élevé que ce qui est compatible avec la préservation de ses pouvoirs végétatifs, et il devrait donc être retiré du lit dans le stade de la moisissure fine. C'est le type de champignon le plus utilisé dans nos jardins, et sa texture est généralement très dure.

Fig. 12. Champignons à chenilles.

Il existe une sorte de blanc utilisé dans certains jardins, appelé champignon de moulin, qui est fabriqué d'une manière plus simple que la précédente. Il semblerait que ce soit simplement du frai qui s'est répandu à travers les excréments soigneusement amalgamés d'une piste de moulin. Le matériau est plutôt mou et de texture libre, est généralement vendu en gros morceaux quelque peu irréguliers et est très utilisé par certains cultivateurs.

Fig. 13. Champignon parisien.

Enfin, nous avons le blanc de champignon français, qui diffère du nôtre en ce qu'il n'est pas présenté en briques ou en morceaux solides, mais en masses assez légères de litière à peine à moitié décomposée, relativement meuble et sèche. Ce blanc est obtenu en préparant un petit lit comme pour les champignons de la manière ordinaire, et en le faisant frayer avec des morceaux de blanc vierge, si cela est possible ; puis, lorsque le frai s'y est répandu, le lit est brisé et utilisé comme frayère dans les grottes, ou séché et conservé pour la vente. Il est vendu en petites boîtes et peut être inséré lorsqu'il est tiré en morceaux plutôt minces, environ la moitié de la taille de la main ouverte ; mais en le séparant, il se divise en plusieurs morceaux, de toutes tailles, dont chaque particule doit être utilisée. Les petites particules doivent être éparpillées sur le lit après l'insertion des plus grosses particules. Ceci s'applique aux autres types. En raison de la nature poreuse et ouverte du blanc de champignon français, il est susceptible d'être immédiatement affecté par la chaleur et l'humidité du fumier agréablement chaud formant le lit de champignon et, de ce seul fait, présente certains avantages. Elle a récemment été introduite pour la première fois et sera probablement bientôt testée par de nombreux producteurs.

Le frai, dans le sens commun du terme, peut être supprimé en amalgamant bien le fumier, le terreau et les vieux parterres de champignons, ou la moisissure des feuilles contenant des traces de frai, et ceux-ci sont formés en lits d'environ un pied d'épaisseur dans le champignonnier. , et recouverts de terre, produisent sans autre reproduction ; mais le plan n'est pas aussi simple ni aussi avantageux que celui que l'on poursuit plus communément.

Il n'est pas du tout nécessaire d'acheter du blanc artificiel là où les champignons sont régulièrement cultivés. Il n'existe en aucun cas non plus, sauf au début, ou pour se prémunir contre le fait que sa propre progéniture se révèle mauvaise. Pour obtenir un bon blanc, il suffit de faire comme les producteurs français : prendre une partie d'un lit là où il est complètement imprégné par le blanc et avant qu'il ne commence à porter, et le conserver pour un usage futur.

De l'efficacité de ce genre de blanc, s'il fallait une preuve en plus des belles récoltes que récoltent les cultivateurs parisiens, on la trouverait dans la déclaration suivante de M. Ayres :

« Il y a peu de temps, l'attention s'est portée sur la qualité supérieure du blanc de champignon français et, par conséquent, plusieurs semenciers londoniens l'ont importé pour le vendre. Il y a quelques mois, j'ai pris possession d'une écurie et, voulant y faire pousser des champignons, je me suis procuré quelques tonnes de fumier de cheval, tel qu'il provenait du fumier des écuries de l'hôtel. Il était très humide et, par conséquent, lorsqu'il était assemblé, il réchauffait violemment. Cependant, en retournant fréquemment pendant une semaine ou dix jours, cette tendance fut réduite, et alors cinq plates-bandes furent formées, en ajoutant un quart de terre parfaitement sèche provenant d'une serre à concombres. Je dis parfaitement sec, parce que le sol est resté dans la maison depuis quinze ou dix-huit mois sans recevoir une goutte d'eau, et peut donc presque être considéré comme complètement sec. Intimement mêlé aux excréments en fermentation, il avait la tendance que je désirais : c'est-à-dire qu'il réduisait l'humidité excessive et, après que le lit avait été fait une semaine, il l'amenait à la température nécessaire pour recevoir le frai.

« Ayant une grande confiance dans les bonnes qualités d'un terreau frais provenant d'un ancien pâturage pour la production de champignons de qualité supérieure, j'en ai fait sécher et réchauffer une quantité. J'en ai fait poser une couche de trois pouces d'épaisseur sur chaque lit, puis j'y ai soigneusement fourché, en prenant soin de mélanger le sol et le fumier aussi intimement que possible. Reformés et laissés quelques jours, les lits atteignirent la chaleur nécessaire ; alors ils furent rendus assez fermes et furent prêts à frayer.

« A cet effet, j'avais acheté deux caisses de blanc de France auprès de MM. Barr et Sugden, de Covent Garden. C'était une matière légère, lâche, feuilletée, friable, et si sèche que j'avais peur si son pouvoir végétatif n'en avait pas été desséché. Mais le frai avait été acheté pour l'expérimentation, et donc l'expérience devait être réalisée.

« En ratissant environ deux pouces de matière à la surface de chaque lit, des morceaux de blanc floconneux ont été déposés, à environ dix pouces ou un pied de distance, partout dans les lits ; les fines portions du blanc étaient ensuite dispersées sur les lits, tapotées fermement avec le dos d'une bêche, puis le matériau de surface était rendu et le tout rendu aussi ferme que possible. En passant, il n'est peut-être pas déplacé de remarquer que le frai de cette manière doit être guidé, ou plutôt gouverné, par l'état du matériau du lit. S'il n'est pas suffisamment refroidi, il sera plus sûr de faire des trous de la manière habituelle pour le frai ; mais si l'espèce est en bon état, je pense que la reproduction et la mise à la terre à la volée, comme décrit précédemment, constituent le meilleur plan. La partie perturbée des lits ayant retrouvé sa chaleur, et comme il n'y avait aucune crainte de *surchauffe* , les lits furent immédiatement mis à la terre de deux pouces d'épaisseur avec de la terre glaise fraîche, battue assez fermement, puis recouverts d'une fine couche de foin sec.

« N'aimant pas confier entièrement ma chance aux champignons au nouveau matériel, le blanc français, deux lits ont été pondus en même temps et de la même manière avec le blanc indigène. En raison de la grande taille de l'écurie et du temps inhabituellement froid et perçant de la fin de l'année (1869), les lits perdaient tellement de chaleur que j'avais quelques doutes quant à leur échec ; mais constatant par la suite que le frai fonctionnait, j'ai donné à chaque lit (la surface étant plutôt sèche) une bonne seringue avec de l'eau à la température de 80 degrés, je l'ai recouvert de nattes propres et sèches, puis j'ai rendu le foin. Les lits sont maintenant une feuille de la « perle des champs », certaines parcelles aussi grandes qu'une assiette de fromage, et le tout dans un état des plus prometteurs, si prometteur que, avec une attention appropriée, je n'ai aucun doute qu'ils céderont. un bon approvisionnement en champignons pendant plusieurs mois. Pour assurer cette production continue, il ne faut pas épargner le fumier de ferme, l'eau et le sel, en temps opportun ; tandis que, dès que la première récolte est terminée, les plates-bandes peuvent recevoir un trempage complet d'eau de fumier à une température d'au moins 80 degrés, être replantées avec de la terre fraîche et recouvertes de nattes et foins. De cette manière, nous obtenons toujours une seconde récolte peu inférieure à la première, et parfois bien supérieure.

CHAPITRE IV.

FRAI ET APRES-TRAITEMENT.

Chaleur et protection.

LA température du matériau des lits ne devrait jamais, au moment du frai, dépasser 80 degrés Fahr. — environ 70 degrés est la température régulière la plus appropriée ; et celle de la champignonnière doit être comprise entre 50 et 60 degrés, et non inférieure à 50. En supposant que les matériaux aient été retournés une fois après avoir été chauffés, et de nouveau remués avant d'être transformés en lits, ils devraient être en état de frayant de dix à douze jours après leur mise en place. Il va sans dire que cette régularité de température ne peut être assurée que dans des champignonnières convenablement formées. Là où les champignons sont cultivés dans ces locaux, dotés de doubles plafonds, de volets et de portes bien ajustés, presque imperméables aux influences extérieures, et où de nouveaux lits sont faits de temps en temps, peu ou pas de chaleur artificielle provenant des tuyaux est nécessaire, bien qu'elle soit également nécessaire. d'en avoir à disposition en cas d'intempéries inhabituelles, ou de rupture dans la succession des lits, qui provoquerait un déficit de chaleur des matières en fermentation. Une couverture de foin ou de litière sèche est nécessaire pour les massifs formés en plein air, ainsi que pour les massifs faits dans des hangars frais et semi-ouverts ; mais pas pour ceux qui vivent dans des champignonnières ou des grottes régulièrement chauffées, dans lesquelles règne une température calme et constante. Il doit avoir environ un pied d'épaisseur et doit être immédiatement retiré lorsqu'il devient humide ou moisi. Ce revêtement doit être appliqué chaque fois que la température du lit commence à baisser. Il ne faut en aucun cas l'utiliser lorsque la température permet de s'en passer, car il est gênant et favorise parfois les insectes. La chaleur d'un lit peut être réduite en ouvrant des trous de six ou huit pouces de profondeur avec un épais plantoir pointu, ici et là, mais ce n'est que dans des cas exceptionnels que cela est conseillé, et il est souhaitable d'économiser tout l'ammoniac et la chaleur du lit. le lit. Le terrassement et le raffermissement d'un lit ont tendance à en atténuer la chaleur. Là où de grands lits en pente, disons de trois pieds de profondeur à l'arrière, sont faits contre le mur, j'ai vu des caisses en forme de Λ placées au-dessous d'eux, espacées de six pieds, de manière à permettre de les chauffer avec de nouvelles réserves de fumier. Il s'agit cependant d'un plan qui n'a guère de prétention à être d'usage général. Il est préférable de ne pas compter sur la main, comme on le fait couramment, pour vérifier la chaleur des lits. Des thermomètres fixés sur des bâtons de grosseur convenable, à enfoncer dans les lits, sont vendus, et enlèvent toute excuse au flou en cette matière. Les couvertures de litière sont parfois utiles pour « faire remonter la chaleur » dans un lit devenu un peu froid.

C'est la phase de l'élevage qui requiert le plus d'attention, car faire circuler régulièrement le frai dans le lit, c'est être presque certain d'obtenir une bonne récolte. À cet égard, il ne semble pas y avoir beaucoup de divergences d'opinions parmi les producteurs de champignons. Certains, en effet, frayent immédiatement après que le lit soit constitué ; mais, sauf lorsque les matériaux sont tels qu'ils ne chauffent pas à plus de 80 degrés, cela est une pratique incertaine, ou en d'autres termes mauvaise.

L'important est de vérifier si le frai se propage correctement dans le lit. La pratique habituelle est de recouvrir le lit immédiatement ou très peu de temps après sa ponte, et nombreux sont ceux qui ne font plus attention au ou aux lits jusqu'au moment où les champignons devraient apparaître. Un meilleur plan est de ne pas mettre définitivement le lit à la terre jusqu'à ce que le frai commence à étendre ses filaments blancs à travers la masse ; et s'il ne parvient pas à le faire huit ou dix jours après le frai - les conditions étant favorables - il est alors préférable d'insérer du blanc frais ou de refaire le lit, en ajoutant des matériaux frais s'il s'avère qu'il échoue parce qu'il est trop froid. Si les gens pouvaient généralement voir si le frai a « pris » librement, au lieu d'attendre plusieurs semaines, sans savoir si c'est le cas ou non, il y aurait moins de déceptions dans la culture des champignons.

Les briques de frai ordinaires doivent être brisées en morceaux, disons de la taille d'une noix à celle d'un œuf ; ils ne se divisent pas en portions régulières. Le frai sous la forme plus naturelle dans laquelle nous le prenons dans les anciens gisements, et dans lequel il est utilisé par les Français, est prêt à être inséré dans le gisement sans autre manipulation. Je crois que ce type de ponte se propage plus rapidement à travers les lits que notre propre ponte en brique et est, dans l'ensemble, beaucoup plus souhaitable. Comme il fait généralement très sec, il est préférable d'en placer une partie dans le champignonnier quelques jours avant le frai, afin qu'il puisse commencer à absorber l'humidité. Un endroit sombre dans une maison chaude, ou un foyer doux, ferait aussi l'affaire, mais en aucun cas cela ne devrait être fait plus de trois jours avant la période de frai. Au moment du frai, il pourrait être avantageux de les mélanger à d'autres qui n'ont pas subi ce processus. Un boisseau de blanc de brique ordinaire suffira pour frayer environ cent pieds carrés. Tout le frai doit être inséré près de la surface, juste enfoui dans les matériaux dont le lit est constitué. Les minces flocons de blanc qu'utilisent les Français, et qui ont généralement presque la longueur et la largeur de la main ouverte, sont généralement insérés dans le lit sur le bord, ou dans une direction inclinée vers le haut, de sorte que tandis qu'un bord de la pièce est enterré trois ou quatre pouces dans le lit, l'autre apparaît à la surface. Ainsi chaque flocon de blanc est exposé à une légère différence de température, et, étant assez mince et spongieux pour être immédiatement imprégné de la chaleur humide des lits, il prend vite et bien. Quant à tout mode particulier d'insertion du frai, il n'y a pas grand-chose à dire ; si le lit est battu aussi fort que beaucoup le recommandent, et que je ne crois pas du tout nécessaire, il faudra un planteur pour insérer le blanc ; sinon, il peut être facilement inséré avec une truelle ou à la main. C'est un bon plan d'utiliser un mélange de deux types d'œufs.

Sol.

Quant au genre de sol utilisé pour le terrassement, il n'a pas autant d'importance qu'on le suppose généralement ; presque n'importe quel sol fera l'affaire ; mais ceux qui ont des tas de bonne terre glaise pour le jardinage préféreront en utiliser une couche. Je crois que n'importe quelle terre de jardin ordinaire ferait l'affaire, et je suis certain que c'est une erreur de donner le moins de peine à se procurer à distance un type particulier de terre. Les lits des grottes autour de Paris sont recouverts d'une substance blanche ressemblant à du mastic, qui suffirait à ébranler les nerfs de tout champignonniste britannique habitué à ses couches de terreau moelleux. Il s'agit simplement de fines détritus provenant des bris de pierre, humidifiés et pressés doucement et fermement sur les lits. Si on nous montrait cela sur un lit qui s'est brisé, nous l'attribuerions assurément à la « substance » dont le lit est recouvert, bien qu'il soit impossible de trouver des récoltes plus belles que celles que donnent ces petits lits. J'aborde ce sujet afin que les échecs puissent être rattachés à leurs véritables causes, et non attribués à des questions qui n'ont en réalité qu'une faible influence. La couche finale d'un à deux pouces de terreau ou autre sol ne doit pas être appliquée avant que le frai ait commencé à se répandre à travers le lit, mais une très fine couche de terreau sec peut être avantageusement appliquée juste après que le frai ait eu lieu. car cela servira à rendre la surface d'une température plus équitable. C'est une erreur de supposer qu'une couverture profonde présente un quelconque avantage. La mise à la terre finale doit être constituée d'un sol suffisamment humide ou mouillé pour permettre sa compression sur une surface ferme. Cependant, à moins qu'il ne soit exceptionnellement sec, un simple aspersion d'eau suffira.

Arrosage.

Comme les matériaux des plates-bandes de champignons sont généralement humides et que peu d'évaporation peut se produire dans les structures dans lesquelles ils sont habituellement cultivés, l'eau est rarement nécessaire et ne doit pas être appliquée avant que la surface des plates-bandes et le sol ne soient vraiment secs. Il faut ensuite en donner copieusement, assez pour bien humidifier le lit, et ce doit être de l'eau douce chauffée à une température de

80 degrés, donnée avec une fine rose, et appliquée régulièrement et patiemment uniformément sur toute la surface du lit. Les arrosages qui ne font que mouiller la surface et saturer les crevasses ou les parties inférieures du lit ne servent à rien. Si un trempage ne suffit pas à humidifier correctement le lit, un autre doit être administré. La forme plate du massif est bien sûr beaucoup plus facile à arroser et est dans l'ensemble la meilleure pour les massifs couverts. La position des lits aura une grande influence sur la quantité d'eau dont ils ont besoin, de sorte qu'il est presque impossible de donner des indications précises à ce sujet ; mais je ne conçois guère un cas dans lequel cela serait nécessaire avant six ou huit semaines après la formation d'un lit, et j'ai vu de belles récoltes récoltées sans qu'un seul arrosage ait été donné. En arrosant de vieux lits, une once de guano par gallon d'eau s'avérera bénéfique.

Vermine dans les parterres de champignons.

Les cloportes sont les plus grands parasites dont le producteur de champignons doit se débarrasser, et le moyen le plus efficace de s'en débarrasser est de les détruire avec de l'eau bouillante. La surface du lit étant ferme et recouverte d'un sol lisse et ferme, le seul endroit susceptible de fournir à ces créatures les interstices dans lesquels elles se retirent habituellement lorsqu'elles sont dérangées, ou lorsqu'elles ne sont pas employées à manger la tête de chaque petit champignon qui se présente, est autour du bords du lit et dans la fente qui se produit souvent entre le lit et le mur ou sur les côtés des étagères qui le soutiennent. Là, on les trouve probablement en grand nombre et on peut les détruire en bloc en versant de l'eau bouillante tout le long de la fissure. Si les massifs sont recouverts de foin ou de litière, il faudra les enlever et leur laisser le temps de se retirer dans leurs cachettes ; et si les lits sont faits dans une position qui permette aux cloportes de se cacher dans d'autres endroits que les interstices qui les entourent, ces endroits doivent être recherchés, marqués et recevoir en même temps une dose scrutatrice d'eau bouillante. Il est à peine besoin d'ajouter que, comme ce ne sont pas des champignons, mais des créatures qui rivalisent avec nous dans leur amour des champignons, que nous voulons anéantir, l'eau bouillante ne doit en aucun cas être appliquée sur la surface du lit. Si à la surface des plates-bandes anciennes ou sèches, ou de celles dont beaucoup de champignons ont été coupés ou arrachés, il y a des creux ou des crevasses dans lesquels les cloportes peuvent s'abriter, il faut les rechercher, les débarrasser de la vermine, les niveler. levé et rendu ferme, afin que l'ennemi ne puisse pas prendre une position dans laquelle nous ne pouvons pas l'attaquer. Si ce plan échoue, une demi-once de sucre de plomb, mélangée à une poignée de flocons d'avoine et déposée sur leurs traces, détruira rapidement les ravageurs.

Le petit acarien est plus destructeur à température élevée, et en été, dit M. Cuthill, « la mouche » ne se reproduira pas dans une maison où la température ne dépasse pas soixante degrés, et où il fait chaud, sec et à moitié chaud. maisons négligées que ce ravageur est généralement observé en été. À cette époque-là, il n'est guère nécessaire de cultiver des champignons à l'intérieur, et la façon dont ils pourraient autrement être produits en grande abondance est expliquée plus loin. L'entrée des rats doit également être protégée.

Les champignonnières entrent en production environ six semaines après la ponte, et restent en production de deux à cinq mois, selon la position dans laquelle elles sont faites et l'attention qu'on y porte.

Traitement des vieux lits.

Un mot peut être dit sur les qualités de portance continue d'un lit de champignons. Cela peut sembler ridicule de dire qu'une plante poussant sur un lit de fumier peut tomber en panne faute de fumier. Pourtant, tel est littéralement et positivement le fait. Les lits deviennent usés, les produits sont petits et grêles, et nous les supprimons directement et en fabriquons de nouveaux. Au lieu de cela, faites tremper soigneusement le lit avec de l'urine stable et de l'eau, à la température de 80 degrés, en utilisant l'urine dans la proportion d'une partie pour cinq d'eau douce, et en ajoutant un verre de vin de sel à chaque canette ; puis enduisez le lit de gazon frais, recouvrez-le de nattes de manière à favoriser le chauffage, et une seconde récolte aussi bonne que la première peut être obtenue. En cette matière, je parle d'expérience, et M. Ingram, à Belvoir, a suivi le même plan pendant de nombreuses années avec le résultat le plus satisfaisant.

Récolter la récolte.

Des rassemblements devraient avoir lieu fréquemment, surtout là où la culture est pratiquée à grande échelle. Lorsqu'il y a plusieurs plates-bandes en roulement, les champignons doivent être cueillis chaque matin. Dans tous les cas, ils doivent être arrachés ou tordus, jamais coupés, de manière à laisser des souches en décomposition dans les massifs. Les trous faits en arrachant les champignons doivent être remplis d'un peu de terreau fin, dont un petit tas peut être conservé dans la maison à cet effet.

Nettoyer la maison.

Un mot sur la nécessité d'un nettoyage annuel approfondi du champignonnier. Le fait que les cultivateurs de grottes français soient obligés de passer de grotte en grotte et constatent qu'après un certain temps d'utilisation d'une grotte, les champignons cessent d'y être produits, devrait servir d'avertissement à cet égard. En été, lorsqu'il n'est pas nécessaire de tenter la culture à l'intérieur, la maison doit être soigneusement nettoyée, blanchie à la chaux, chaque surface grattée et lavée, et la maison doit être ouverte librement, de manière à l'adoucir complètement.

CHAPITRE V.

CULTURE DANS LES hangars, caves, arches, dépendances et toutes structures fermées autres que la champignonnière.

LES CHAMPIGNONS peuvent être, et sont, cultivés à la perfection dans de nombreuses structures moins ambitieuses que la champignonnière proprement dite. N'importe quelle espèce de dépendance fera l'affaire pour les cultures d'automne et du début de l'hiver. L'une des meilleures récoltes que j'ai jamais vues a été cultivée dans une remise sèche et inutilisée. M. Robert Fish cultive toutes ses récoltes dans un hangar long, bas et grossier au toit de chaume, ouvert sur le devant, les plates-bandes étant plates, en ligne continue contre un mur et entourées d'une planche basse. M. Cuthill, qui a écrit sur les champignons et qui les cultivait très bien, cultivait les siens dans des hangars grossiers placés contre les murs. Il n'importe pas du tout que le hangar soit ouvert ou aéré çà et là, surtout pour les récoltes d'automne, car j'ai vu d'admirables récoltes dans des dépendances basses fouillées par toutes les rafales et non chauffées par des conduits de cheminée. Les plates-bandes doivent toujours être recouvertes de foin. Les champignons peuvent être cultivés en cave ; mais les caves étant ordinairement situées sous les maisons, ce ne sont pas exactement les lieux où l'on aime à transporter les matériaux nécessaires à la confection des champignonnières. Lorsqu'ils se produisent en dehors d'une maison d'habitation, cette objection ne tiendra pas. Dans certains cas, cela pourrait être évité en réalisant les lits dans des caisses brutes, disons de 3½ pieds de long sur 1½ pied de large, et en les introduisant ensuite dans la cave. Les arches de chemin de fer ou autres, ou toute structure sèche et vide, peuvent être utilisées pour la culture des champignons.

« La construction, » dit M. William Ingram, de Belvoir, dans une lettre au *Field*, « de champignonnières efficaces est suffisamment comprise par la plupart de nos constructeurs de serres et par les jardiniers ; mais l'adaptation économique des lieux qui existent déjà est une question qui peut être discutée avec le plus grand avantage, car il y a des centaines de personnes autour desquelles on peut trouver des latrines, des caves, des carrières ou des hangars, susceptibles d'être transformés en champignonnières. qui serait très heureux d'apprendre la méthode de culture des champignons et de se faire expliquer les principes simples qui doivent présider à la construction des champignonnières.

« Il y a peu de grandes fermes qui ne disposent pas d'un endroit inconsidéré qui pourrait être facilement adapté à la culture des champignons ; et les agriculteurs possèdent le matériel dont ils disposent, le fumier de cheval, qui ne souffrirait pas de grande détérioration s'il était employé pour la première fois à la culture de champignons. Les établissements brassicoles de campagne bénéficient des mêmes commodités et opportunités. En racontant les moyens par lesquels j'ai pu, pendant plusieurs années, cultiver de grandes quantités d'excellents champignons, dans un lieu originel mais mal adapté à cet effet, je pourrai inciter certaines de ces personnes qui désirent le luxe de ce que Soyer appelait « la Perle » des Champs,' pour tourner leur attention vers le sujet de leur croissance.

« J'avais à ma disposition un grand hangar ouvert et aéré, mais il était susceptible d'être affecté par les changements de temps et était tout à fait trop venteux et froid en hiver et trop chaud en été. J'ai construit à l'intérieur de ce hangar, avec des planches de sapin brut, un hangar intérieur de 18 pieds de long, 6 pieds de large et 8 pieds de haut ; deux réceptacles pour lits furent formés, l'un sur le plancher, l'autre au-dessus : et pour donner la chaleur nécessaire en hiver, je passai un conduit de cheminée formé de 9 pouces. tuyaux de prise, à travers la maison ; avec cela, je peux toujours commander une quantité de chaleur adéquate. Le matériau dont sont constitués les lits est principalement constitué de déjections, recueillies dans un terrain d'exercice clos et couvert. Ces crottes sont piétinées par les chevaux, et mélangées à de la paille brisée avec le fumier par le passage des chevaux.

« Lors de sa première collecte, il est entassé en un grand tas, dans un état parfaitement sec, et lorsqu'il est nécessaire pour le lit, il est jeté, aspergé d'eau et fermenté pendant environ une semaine ; lorsqu'il est chaud, il est apporté à la maison et, au fur et à mesure qu'il y est jeté, il est mélangé avec une petite quantité de terre d'un caractère limoneux et une brouette pleine de terre feuillue. Il est ensuite pressé en une masse aussi compacte que possible par un pilon ou un maillet, en le construisant jusqu'à ce qu'il forme un lit de 10 pouces d'épaisseur à l'avant et de 20 pouces à l'arrière. Après qu'un lit formé de cette sorte de matériaux ait été ainsi constitué, une fermentation rapide a lieu ; et lorsque l'action fermentative la plus violente est passée, et qu'une température de 80° se trouve dans le lit, on y met du blanc au moyen d'un plantoir. J'emploie du blanc de brique provenant de bons fabricants, mais, pour varier et éventuellement prolonger la période de production, j'introduis une certaine quantité de blanc récupéré d'anciens lits. Son développement est plus long que le blanc produit et apparaît comme une culture subsidiaire. Une fois le lit frayé, une couche de sol limoneux compact est étalée sur la surface, de 1½ à 2 pouces d'épaisseur, et bien battue dessus de manière à former une croûte lisse et dure. Une température comprise entre 50° et 60° doit être maintenue dans la maison. Une température plus basse extrait la chaleur du lit plus rapidement.

"Lorsque les champignons commencent à montrer de la faiblesse, comme ils le feront après que le lit aura produit une certaine quantité, à cause de l'épuisement des parties les plus stimulantes du fumier, je trouve que c'est une excellente pratique d'administrer une aspersion d'eau dans laquelle une poignée de sel a été jeté (cette quantité de sel dans une boîte de trois gallons). Le salpêtre, bien qu'en quantités beaucoup plus faibles, est également précieux donné de la même manière. La pratique que j'ai décrite concerne la culture hivernale des champignons.

De nombreux exemples de réussite parfaite comme les précédents pourraient être cités. En voici un de MWP Ayres : –

« Vous serez heureux d'apprendre que nous avons à la périphérie de cette ville (Nottingham) un cultivateur de champignons (M. Cookson, Mansfield Road) qui rivalise avec les cultivateurs français, surtout si l'on considère les moyens de culture. L'endroit qu'il occupe était autrefois le jardin d'agrément d'un grand hôtel, où le propriétaire offrait occasionnellement, pendant la saison estivale, des divertissements *en plein air à ses amis et à ses clients* . Dans ce but, une série de maisons d'été furent construites, constituées d'arches en brique, disons de 12 pieds de profondeur, 6 pieds de largeur et un peu plus de hauteur. A proximité se trouve une petite cave en grès, qui servait autrefois à boire en été et à pommes de terre en hiver.

« Il y a environ douze mois, ces locaux et la maison attenante sont tombés sous l'occupation d'un jardinier qui, bien qu'il ait un permis d'exploitation de la maison, a cru pouvoir utiliser les arcs à un meilleur usage, et c'est pourquoi il les a consacrés à des champignonnières. Comme il était nécessaire que les arcs fussent fermés, un mur d'environ trois pieds de haut fut construit de la manière la plus grossière, parallèlement à leur façade, mais à six pieds de celui-ci, et de là un toit en bois brut fut jeté et recouvert de feutre asphalté. . Mais ici, c'était une erreur ; car, le bâtiment étant exposé plein sud, lorsque le soleil tombait dessus, l'atmosphère devenait plutôt « goudronneuse », à tel point que les champignons refusaient d'y pousser. Cela s'est dissipé au bout d'un certain temps, et sur un lit ne faisant pas plus de trente mètres carrés, le locataire m'a dit qu'il avait coupé plus de 25 *litres*. valeur de champignons. Quand j'ai vu les lits qu'on pouvait considérer comme épuisés, la rougeur de la première jeunesse était terminée ; mais la récolte fut néanmoins des plus merveilleuses, surtout compte tenu des moyens dont nous disposions.

« Dans la cave rocheuse, les petits parterres formaient un pavé de champignons splendides, dont beaucoup étaient aussi gros qu'une assiette de fromage et épais en proportion. Dans le jardin se trouve une grange : quatre murs surmontés d'un toit, ce dernier si grossier que ce n'est que par beau temps qu'on peut le qualifier d'étanche. Dans cet endroit qui peut mesurer 25 pieds de long sur 15 pieds de large, deux rangées de lits ont été dressées, le toit a été rendu étanche, un conduit de brique commun le traverse, et, au moment où je les ai vus, plus on ne pouvait pas désirer des lits prometteurs. Là encore, vous constaterez que des appareils coûteux ne sont pas nécessaires à la production de champignons.

Les écuries et structures similaires offrent des positions capitales dans lesquelles une culture de champignons réussie peut être réalisée facilement.

S'il est possible, et nous savons que c'est non seulement possible, mais facile, de cultiver des champignons dans des boîtes de quelques pieds de long et d'un pied ou dix-huit pouces de large, et de la même profondeur, il est clair qu'il ne peut y avoir aucune difficulté à les faire pousser. en abondance de la manière indiquée dans la gravure ci-jointe . Ce mode était effectivement pratiqué avec beaucoup de succès par le baron Joseph d'Hoogvorst, de Limmel.

Fig. 14. Culture de champignons sur étagères dans une étable.

La culture se faisait dans des caisses en bois soigneusement aménagées, disposées de manière à pouvoir être enveloppées de rideaux de toile comme le montre la gravure , de sorte qu'à première vue on ne puisse pas supposer que la culture des champignons s'y pratiquait. Aucun résultat néfaste en termes de création d'une atmosphère malsaine n'a accompagné cette tentative. Les lits étaient formés de la manière habituelle à partir des crottes de chevaux bien nourris. Il ne fait aucun doute qu'un mode similaire de culture des champignons pourrait être pratiqué dans les écuries ou dans quelque bâtiment adjacent, dans des centaines d'endroits, en dehors du jardin et du jardinier dans son ensemble. Etant donné les matériaux et une certaine position, aussi restreinte soit-elle, dans laquelle réaliser la culture, et ces deux choses sont sûrement présentes presque partout où il y a une écurie, le reste est si simple que n'importe quel homme d'écurie ou garçon pourrait le porter. dehors. Nous savons que ces individus, en tant que classe, ne sont pas très portés sur les études botaniques ou horticoles, mais il ne fait aucun doute que la perspective d'une demi-douzaine de champignons frais sur le gril leur donnerait un intérêt des plus louables pour cette culture. La seule objection à cela est, ou pourrait être, qu'une fois à l'aise dans la culture, le jardinier risquerait très probablement de manquer de matériaux pour ses serres. Un grenier vide ou toute autre structure couverte pourrait être utilisé ainsi que l'écurie ou une remise vide. En plus d'utiliser les murs de l'écurie, comme le faisait le baron, les stalles vides offrent souvent l'occasion de cultiver des champignons en quantité. Ces remarques s'appliquent aux écuries des villes et des villages, ainsi qu'à la campagne ; en effet, dans les villes, en particulier à Londres, le fumier d'écurie est généralement si abondant qu'il est beaucoup plus facile à obtenir et beaucoup moins cher qu'à la campagne, de sorte que même ceux de Londres disposant d'endroits appropriés pour cultiver des champignons, mais ne gardant pas de chevaux régulièrement ou pas du tout. , ne pourrait avoir aucune difficulté à se procurer des matériaux en abondance.

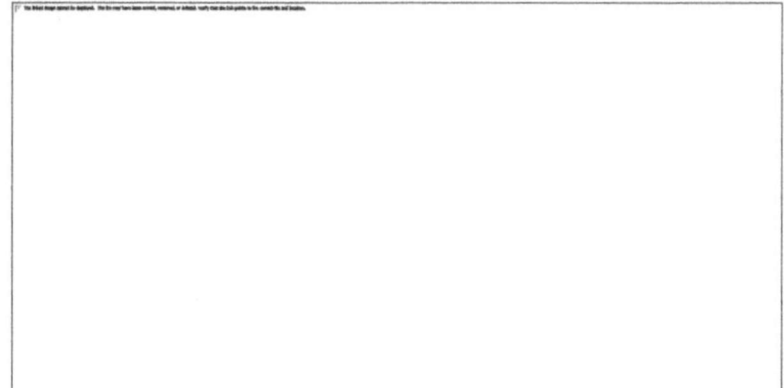

Fig. 15. Lit de champignons sur une étagère grossière contre le mur de la cave.

Les Français cultivent souvent des champignons dans les caves ainsi que dans les grottes décrites dans le chapitre suivant. La préférence doit être donnée à une cave sèche et chaude ; il doit être aussi sombre que possible et exposé à aucun courant d'air. Les lits peuvent être confectionnés dans les caves de plusieurs manières. Celles faites au milieu doivent toujours avoir deux côtés, tandis que celles qui sont contre les murs ne doivent avoir qu'une moitié d'épaisseur, à cause qu'elles n'ont qu'un seul côté utile. Il est également possible de les disposer sur des étagères, les unes au-dessus des autres. A cet effet, de fortes barres de fer sont enfoncées dans les murs, sur lesquelles sont placées des étagères de dimensions appropriées, recouvertes de terre, sur lesquelles est formé un lit traité exactement comme ceux faits à terre. Ces lits sont tout aussi productifs que n'importe quel autre type de lit. On peut même les faire sur le fond de tonneaux, qui doivent avoir au moins deux pieds six de diamètre ; et ils sont construits en forme de pain de sucre, d'environ trois pieds de hauteur, et les morceaux de blanc sont placés à un pouce et quart de profondeur et à seize pouces l'un de l'autre. Un tonneau est scié transversalement en deux morceaux, chacun formant une cuve. Des trous sont pratiqués au fond de chacun et une fine couche de bonne terre est étalée dessus à l'intérieur. On les remplit ensuite d'un bon fumier d'étable, bien préparé, semblable à celui utilisé pour les champignonnières ordinaires, les différentes couches de fumier de chaque bac étant bien pressées. Lorsque le bac est à moitié plein, on dépose à la surface six ou sept bons morceaux de blanc, et le reste est entassé avec du fumier bien pressé, l'opération étant complétée en donnant au tas la forme d'un dôme. Les bacs ainsi préparés sont placés dans une partie parfaitement obscure d'une cave, et huit ou dix jours après, on ramasse les bouses jusqu'à ce que le blanc soit visible, afin de voir s'il a commencé à végéter et à développer de petits filaments. Si le frai s'est étendu, la surface doit être recouverte de terre, en prenant soin de n'utiliser que de la terre fraîche et convenablement préparée. De cette manière ou de toute autre manière similaire, il ne devrait y avoir aucune difficulté à cultiver des champignons : les caisses ou les bacs pourraient être remplis n'importe où, puis transportés dans les caves libres, etc. De cette façon, les objections contre l'épandage du fumier pourraient, dans de nombreux cas, être surmontées.

Fig. 16. Champignon pyramidal au sol de la cave.

Fig. 17. Champignons cultivés au fond d'un vieux tonneau.

Parmi les structures nombreuses et diverses dans lesquelles les champignons peuvent être cultivés, mais que nous voyons rarement utilisées à cet effet, on peut citer toutes sortes de serres, de poêles, de fosses et de charpentes. Certaines des meilleures récoltes que j'ai jamais vues se trouvaient dans des serres froides, presque trop ruineuses pour faire autre chose. Au milieu de l'hiver, les sols de toutes les maisons dans lesquelles une température agréable est maintenue pour forcer ou à d'autres fins, offrent d'excellentes positions pour produire des champignons rapidement et en abondance. De petits lits en forme de crête pourraient être aménagés sur le fond de ces endroits et, avec la température agréable habituellement maintenue dans de tels endroits, ils commenceraient probablement à produire un mois environ après avoir frayé. Combien de fois, par exemple, remarque-t-on les sols des grandes vignes, au milieu de l'hiver ou au tout début du printemps, assez nus, surtout après le démarrage des vignes. Or, précisément à cette époque-là, la chaleur agréable qui se dégagerait des matières légèrement fermentantes utilisées pour la champignonnière est celle qui serait la plus agréable aux vignes tendres et cassantes, et avec un peu d'attention de cette manière, une récolte de premier ordre. Des champignons pouvaient toujours être récoltés dans les premières vignes, et dans les maisons où aucune chaleur artificielle n'était appliquée, ils pouvaient également être cultivés en abondance. Une couverture de foin serait cependant nécessaire dans les maisons froides au milieu de l'hiver, pour éviter des variations excessives de température, ainsi qu'au printemps et en été pour éviter un dessèchement excessif ou une brûlure des plates-bandes par un soleil brûlant. J'ai même vu d'excellentes récoltes pousser sur le sol dans une vieille maison en appentis, les plates-bandes recouvertes d'environ un pied de foin, occasionnellement arrosées d'eau pour éviter une chaleur excessive à la surface du lit. Dans les petits endroits où chaque pied d'espace dans la serre est susceptible d'être occupé par des plantes, il n'est pas facile de mettre en œuvre les suggestions précédentes, mais même si une petite cave précoce était occupée par des plantes, il serait souhaitable et réalisable de présenter une série de coffrets bruts consacrés à la culture des champignons.

Outre les serres totalement vides, l'espace situé sous les étages et de nombreuses serres de tous types peuvent être utilisés pour la production de champignons. Ces emplacements sont généralement inoccupés, ils sont parfois utilisés pour stocker des fuchsias, etc. en hiver, mais ils sont très rarement mis à profit aussi bien qu'ils pourraient l'être dans le sens que je recommande. La scène dans la petite serre est souvent surélevée afin qu'il y ait suffisamment d'espace pour passer en dessous : si à l'arrière ou à l'extrémité il n'y a aucun moyen de marcher facilement sous la scène, une ouverture doit être pratiquée. La seule difficulté qui pourrait survenir proviendrait du goutte-à-goutte des plantes situées à l'étage supérieur. Cependant, on peut facilement s'en prémunir en étendant un morceau de bâche ou de toile cirée sur le ou les lits. Avec des lits bien faits, une couche de foin sec ou de litière et un morceau de bâche, tout propriétaire d'un objet ayant la forme d'une serre avec un étage peut faire pousser des champignons tout au long des mois d'automne, d'hiver et de printemps, et même pendant les mois d'hiver. l'été en gardant la surface du foin ou de la litière humide.

Bien sûr, s'il n'y a de place que pour un seul lit, une succession ne peut pas être entretenue, et dans ce cas il faut faire un lit en automne qui, s'il est bien entretenu, doit être en pleine croissance un mois ou six semaines avant et après Noël. Il existe cependant de nombreux espaces comme ceux évoqués où il y a de la place pour faire une succession de lits. Personne ne possédant qu'une seule serre n'a à craindre beaucoup ni aucun inconvénient dû à l'odeur du fumier, du moins pas après la mise à la terre des plates-bandes. Les quelques centimètres de terre recouvrant le fumier absorberaient toute vapeur dégagée par le lit.

Partout où l'on cultive des concombres ou des melons dans des fosses ou des cadres, rien de plus facile que de faire pousser de grandes récoltes de champignons après les melons, etc. sont dégagés. Le blanc peut être inséré à la surface des petits monticules habituellement faits pour recevoir les jeunes plants de melon, ainsi que sur le reste de la surface des plates-bandes qui sont généralement recouvertes de quelques centimètres de terre. Une fois que les melons ont fini de produire et que les fanes ont été enlevées, on constate généralement que le blanc s'est propagé à travers la masse profonde de terre dans les lits. Comme peu ou pas d'eau est donnée ou nécessaire pendant la maturation des melons, un bon trempage dans de l'eau tiède sera généralement nécessaire pour encourager les champignons à commencer à produire abondamment. Si la saison et la situation sont douces et chaudes, les lumières peuvent être éteintes ; et si le soleil est très fort, les lits peuvent être ombragés avec des toiles ou des nattes. Si la saison est tardive et froide, il sera en revanche souhaitable de maintenir les lumières allumées, et même de les couvrir par temps froid.

CHAPITRE VI.

LA CULTURE DES CHAMPIGNONS EN GROTTE, PRÈS DE PARIS.

LA culture de champignons la plus étendue et la plus réussie qui existe se pratique dans des grottes à larges ramifications situées loin sous la surface, à proximité de Paris. Pour en donner au lecteur une idée aussi précise que possible, il faut visiter l'une des grandes « grottes aux champignons » de Montrouge, juste à l'extérieur des fortifications de Paris, du côté sud. La surface du sol est principalement cultivée en blé ; mais çà et là gisent, prêts à être transportés à Paris, des blocs de pierre blanche, récemment remontés à la surface par des ouvertures en forme de charbonnage. Il n'y a rien de tel qu'une « carrière », telle que nous l'entendons, à voir ; la pierre est extraite comme on extrait le charbon, et sans aucune interférence avec la surface du sol. Nous retrouvons un « champignonniste » après quelques ennuis, et il nous accompagne à travers quelques champs jusqu'à l'entrée de son jardin souterrain. Il s'agit d'une ouverture circulaire semblable à l'embouchure d'un vieux puits, mais de là dépasse la tête d'un gros poteau traversé par des bâtons. Ce poteau, dont la base repose dans l'obscurité soixante pieds plus bas, est le le moyen le plus simple et en fait le seul par lequel les êtres humains peuvent accéder à la mine. J'avais l'idée qu'on pouvait entrer de côté et d'une manière plus agréable, mais ce n'était pas le cas. Mon guide rampe le long du poteau tremblant, je le suis et j'atteins bientôt le fond d'où rayonnent de petits passages. Quelques petites lampes fixées sur des bâtons pointus sont placées en dessous, et, armés d'une chacune, nous commençons lentement à explorer des passages sombres, immobiles et tortueux. J'ai entendu dire que le premier individu qui se mit à cultiver des champignons dans ces terriers semblables à des catacombes fut celui qui, à une époque particulièrement glorieuse de l'histoire de France, où bien plus de braves garçons allaient au combat que ne revenaient de la victoire, préféraient , chose étrange à dire, de rester chez lui et de se cacher plutôt que de former une unité dans « le déploiement magnifiquement sévère du combat ». Une jeunesse travailleuse et discrète ! Vous méritez d'être cité en exemple autant que l'abeille occupée qui améliore chaque « heure brillante ».

Fig. 18. Grotte aux champignons, à 70 pieds sous la surface, à Montrouge, près de Paris, juillet 1868.

Les passages sont étroits et il faut parfois se baisser. De chaque côté, de petits lits étroits de fumier d'étable à moitié décomposé courent le long du mur. Celles-ci ont été créées assez récemment et n'ont pas encore été générées. Actuellement, nous en arrivons à d'autres dans lesquels le frai a été placé et « prend » librement. Le blanc de ces grottes est introduit dans les petits lits sous forme d'éclats prélevés sur un ancien lit ou, mieux encore, sur un tas de fumier d'étable dans lequel il se trouve naturellement. Ce frai est préféré et considéré comme beaucoup plus précieux que celui provenant des anciens gisements. Il n'y a pas de blanc sous forme de briques, comme on en utilise en Angleterre.

Fig. 19. Lit nouvellement réalisé contre le mur de la grotte.

Le champignonniste montra avec fierté la façon dont les flocons de blanc avaient commencé à se répandre à travers les petits massifs, et se dirigea, parfois en se baissant très bas pour éviter les pierres pointues du toit, là où les massifs étaient dans un état plus avancé. . Ici, nous voyions de petites crêtes lisses, couleur mastic, courir le long des côtés des passages, et partout où le souterrain rocheux devenait aussi grand qu'une petite chambre, deux ou trois petits lits étaient placés parallèlement les uns aux autres. Ces plates-bandes étaient neuves et parsemées de champignons pas plus gros que des graines de pois de senteur, offrant d'excellentes perspectives de récolte. Chaque lit contient une masse de fumier beaucoup plus petite que ce n'est jamais le cas dans nos jardins. Ils n'ont pas plus de vingt pouces de hauteur et à peu près la même largeur à la base ; tandis que ceux placés contre les côtés des passages ne sont pas aussi grands que ceux placés dans les espaces ouverts. La terre dont ils sont recouverts sur une profondeur d'environ un pouce est presque blanche et est simplement tamisée des détritus des tailleurs de pierre au-dessus, donnant au lit récemment fait l'apparence d'être recouvert de mastic.

Bien que nous soyons à soixante-dix à quatre-vingts pieds sous la surface du sol, tout semble assez soigné – en fait, bien plus qu'on aurait pu s'y attendre, aucune particule de détritus n'étant rencontrée. Une certaine longueur de lit est faite chaque jour de l'année, et à mesure que les hommes terminent une galerie ou une série de galeries à la fois, les lits de chacune d'entre elles ont un caractère similaire. À mesure que nous nous dirigeons vers ceux en pleine forme, rampant de long en large dans des passages étroits, serpentant toujours entre les deux petits lits étroits contre le mur de chaque côté, et passant de temps en temps par des coins plus larges remplis de deux ou trois petits lits, la lumière du jour revient. vu. Cette fois, il passe par un autre puits en forme de puits, autrefois utilisé pour soulever la pierre, mais maintenant pour jeter les matériaux nécessaires dans la grotte. Au fond se trouvent un grand tas de terre blanche mentionné plus haut et un baril d'eau, car des arrosages doux sont nécessaires dans le silence calme, frais et noir de ces grottes, ainsi que dans les champignonnières de la croûte supérieure.

Une fois de plus, nous nous enfonçons dans un passage sombre comme l'encre et nous nous retrouvons entre deux rangées de parterres en pleine croissance, les beaux champignons blancs en forme de boutons apparaissant partout à profusion le long des côtés des minuscules parterres, un peu comme les forets que fabriquent les agriculteurs. pour les cultures vertes. Au fur et à mesure que le propriétaire avance, il enlève quelques grappes qui sont parfaites et les laisse sur place, afin qu'elles puissent être ramassées avec le reste pour le marché du lendemain. Il se rassemble en grande partie tous les jours, envoyant occasionnellement plus de 400 livres de poids par jour, la moyenne étant d'environ 300 livres.

Fig. 20. Vue dans une grotte aux champignons.

Un instant de plus et nous sommes dans un espace ouvert, une sorte de chambre, disons de 20 pieds sur 12, et ici les petits lits sont disposés en lignes parallèles, une allée de quatre pouces au plus les séparant, les côtés des lits étant littéralement couvert de champignons. Il y a une exception ; sur la moitié du lit et sur une dizaine de pieds de long, les petits champignons sont apparus et apparaissent, mais ils ne deviennent jamais plus gros qu'un pois et se ratatinent, comme « ensorcelés ». C'est du moins la conclusion tirée de l'expression du pratiquant à ce sujet. Il l'attribuait gravement à une cause ridiculement superstitieuse. Souvent, les champignons poussent en grappes ou « rochers », comme on les appelle, et dans de tels cas, ceux qui composent la petite masse sont soulevés tous ensemble.

Les côtés d'un lit ici ont été presque dépouillés par l'enlèvement de ces grappes, et il est intéressant de noter que non seulement elles sont enlevées, racines et tout, lorsqu'elles sont cueillies, mais l'endroit même où elles ont poussé est gratté. on ôte, de manière à éliminer toute trace de l'ancien tas, et l'on recouvre l'espace d'un peu de terre prise au fond du tas. C'est l'habitude de le faire dans tous les cas, et lorsque le cueilleur sort d'un petit trou d'où il a arraché ne serait-ce qu'un seul champignon, il le remplit avec un peu de la terre blanche de la base, avec sans doute l'intention d'y cueillir d'autres champignons. les mêmes endroits avant la fin de plusieurs semaines. Les «

boutons » semblent très blancs et sont apparemment de première qualité. L'absence de toute litière et de poussière, ainsi que les rassemblements quotidiens, les maintiennent dans ce que nous pouvons appeler un état parfait. J'ai visité cette grotte le 6 juillet 1868 et je doute fort qu'à cette époque on puisse trouver quelque part une récolte de champignons plus remarquable que celle présentée dans cette chambre souterraine - un simple point dans l'espace consacré à la culture des champignons par un seul. individuel.

Quand je déclare qu'il y a six ou sept milles de champignonnières dans les ramifications de cette grotte, et que le propriétaire n'est qu'un d'une grande classe qui se consacre à la culture des champignons, le lecteur aura l'occasion de juger de l'importance de la culture des champignons. dans quelle mesure cela se poursuit autour de Paris. Ces grottes satisfont non seulement aux besoins de la ville au-dessus d'elles, mais aussi à ceux de l'Angleterre et d'autres pays, de grandes quantités de champignons conservés étant exportées, une maison à elle seule envoyant dans notre propre pays pas moins de 14 000 caisses par an. Il y avait quelques traces de dents de rats sur les produits, et il n'est pas nécessaire de dire que ces ennemis ne soient pas agréables dans un tel endroit ; mais ils ne semblent pas avoir commis de ravages sérieux, et ne sont probablement que des visiteurs occasionnels, qui profitent de la première occasion d'obtenir une nourriture plus variée que celle que leur offrent ces grottes. Il est inutile de parcourir les passages plus loin : il n'y a rien à voir à part une répétition de la culture décrite ci-dessus, chaque centimètre disponible de la grotte étant occupé. Nous retrouvons notre chemin jusqu'au fond du puits, montons soigneusement un à un les poteaux plutôt fragiles et nous retrouvons sous le soleil brûlant au milieu du blé mûr.

En parcourant les champs, on peut observer deux choses relatives à la culture des champignons : des tas de terre granuleuse blanche, tamisée des *débris* de pierre blanche, et de grands tas de fumier d'étable accumulés pour la culture des champignons et en cours de préparation. Cette préparation est différente de ce que nous avons l'habitude de lui donner. C'est du fumier d'étable ordinaire, ou des matières très courtes, et non des excréments, et on les jette en tas de quatre ou cinq pieds de haut et peut-être de trente pieds de large. Les hommes étaient employés à le retourner, la masse étant ensuite piétinée avec leurs pieds, un chariot à eau et des pots étant utilisés pour arroser abondamment le fumier là où il est sec et blanchâtre.

Comme beaucoup s'intéresseront à la culture rupestre du champignon et souhaiteront peut-être la voir par eux-mêmes, je peux affirmer qu'il est difficile d'obtenir la permission de visiter les grottes et que beaucoup de personnes n'apprécieraient pas l'apparence de « l'échelle ». » qui offre une entrée. Même chez un horticulteur parisien bien connu j'ai eu quelques difficultés à y entrer. J'ai été informé qu'un champignonniste du même quartier exigeait le prix exorbitant de vingt francs pour une visite à sa grotte. Comme la visite demande peu de temps, aucun visiteur ne devrait donner cette peine aux cultivateurs sans offrir une légère récompense, disons au moins cinq francs. La grotte ci-dessus n'est qu'un échantillon parmi tant d'autres dans les environs immédiats de Paris.

Nous visiterons ensuite une champignonnière d'un autre type, à quelque peu de distance de cette ville. Il est situé près de Frépillon, Méry-sur-Oise, endroit accessible en une heure environ par le Chemin de fer du Nord, en passant par Enghien, la vallée de Montmorency et Pontoise, et en descendant à Auvers. Il y a de vastes carrières dans le quartier, tant pour la pierre de construction que pour le plâtre si largement utilisé à Paris. Les matériaux ne sont pas extraits de la manière ordinaire en ouvrant le sol, ni par la méthode employée à Montrouge et ailleurs dans la banlieue parisienne, mais de telle sorte que l'intérieur de la terre ressemble à une vaste et sombre cathédrale. En 1867, la culture des champignons était en plein essor à Méry et on en récolte jusqu'à 3000 livres. on en envoyait parfois un jour au marché de Paris ; mais le champignon est une chose d'un goût particulier, et ces carrières sont maintenant vides, nettoyées et laissées au repos. Au bout d'un certain temps, les grandes carrières semblent se lasser de leurs occupants, ou bien les champignons n'aiment pas l'air ; les carrières sont alors bien nettoyées, le sol même où reposaient les lits étant gratté, et l'endroit laissé se recruter pendant un an ou deux. En 1867, M. Renaudot possédait une longueur extraordinaire de plus de vingt et un milles de champignonnières dans une grande grotte à Méry ; l'année dernière, il y en avait seize milles dans une grotte à Frépillon. C'est un village propre et solitaire, à la limite du gigantesque cimetière projeté par M. Haussmann.

Fig. 21. Entrée d'une grande carrière souterraine.

La vue lointaine de l'entrée des carrières ressemble beaucoup à une craie anglaise. Mais il y a une grande arche grossière taillée dans le roc, et nous y entrons, rencontrant bientôt un chariot sortant avec un chargement de pierres, le chariot avec une lampe à la main. Pour le visiteur qui a vu près de Paris les champignonnières, où il faut parfois se baisser très bas pour ne pas se cogner la tête contre les rochers du toit, la surprise est grande en pénétrant un peu. Du moins dès qu'on peut voir; l'obscurité est si profonde que quelques bougies ou lampes la rendent simplement plus visible. Le tunnel que nous traversons est presque régulièrement voûté, la maçonnerie étant utilisée ici et là, de manière à rendre le support sûr et quelque peu symétrique, les arcs étant plats au sommet sur six pieds environ et environ vingt-cinq pieds de haut ; parfois cinq pieds plus haut.

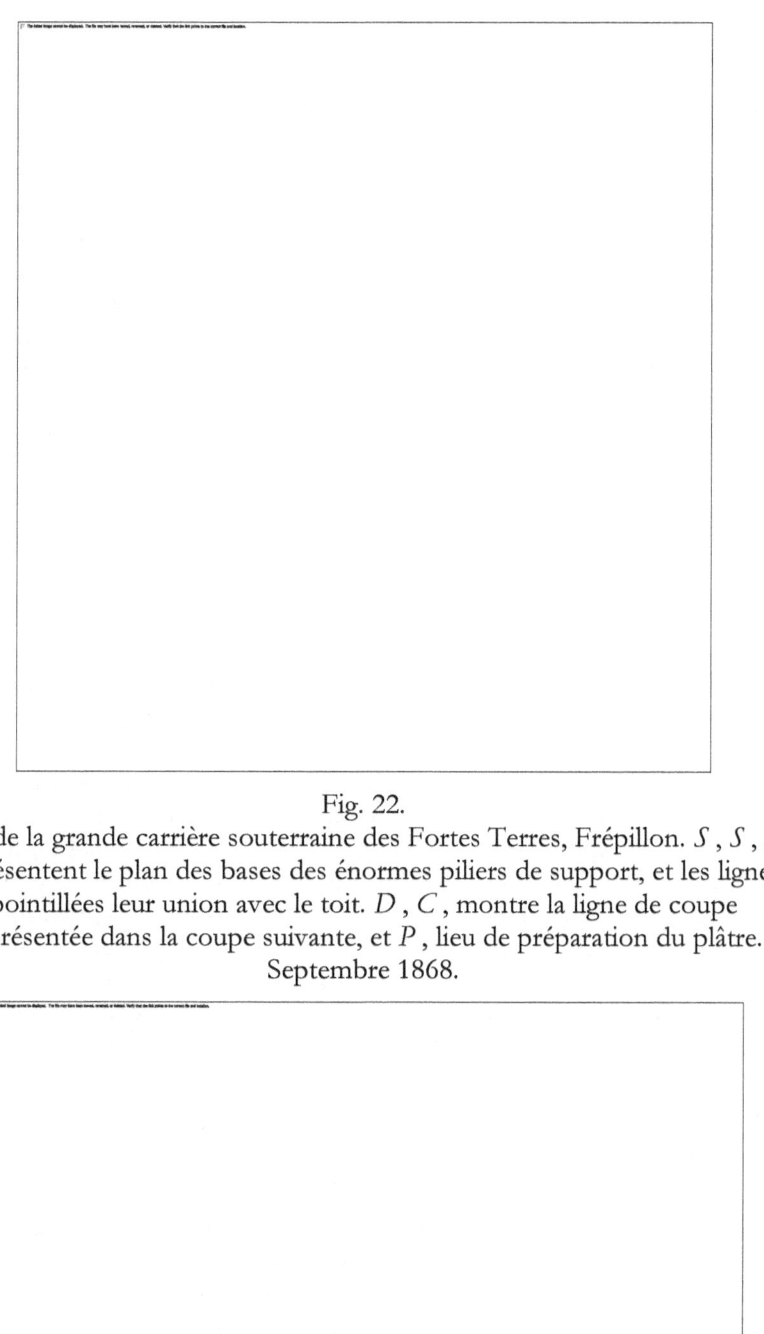

Fig. 22.

Plan de la grande carrière souterraine des Fortes Terres, Frépillon. S , S , S , représentent le plan des bases des énormes piliers de support, et les lignes pointillées leur union avec le toit. D , C , montre la ligne de coupe représentée dans la coupe suivante, et P , lieu de préparation du plâtre. Septembre 1868.

Fig. 23. Coupe suivant la ligne C , D , sur la Fig. 22 .

Bientôt, nous tournons à droite et une scène semblable à un vaste temple souterrain se présente. A une extrémité, nous sommes plusieurs avec des lampes, admirant les jeunes champignons qui bourgeonnent partout dans les rangées de parterres qui, comme des serpents, sont longs et minces, et s'enroulent dans l'obscurité. À environ 150 pieds de distance, il y a un groupe de trois hommes et un garçon, chacun avec une lampe, dissipant à nouveau l'obscurité des parterres de champignons et occupés à placer de petites quantités d'une sorte de sable argileux blanc dans les endroits d'où les rassemblements ont été effectués. faite quelques heures auparavant. Des deux côtés de cette sombre avenue partent à de courts intervalles les ouvertures sombres des autres, et le sol de toutes est couvert de champignonnières, courant tantôt le long des passages, tantôt à travers eux. Ces lits ont environ vingt-deux pouces de hauteur et autant de diamètre, et sont recouverts de sable argenté et d'une sorte d'argile blanche ressemblant à du mastic, en proportions à peu près égales. Courant en lignes parallèles et disparaissant dans l'obscurité, on ne sait à quoi les comparer, sinon à des pins écorcés dans la cale d'un navire.

Partout, à la surface de ces petits parterres, de petits champignons poussaient en quantité ; comme les lits sont régulièrement rassemblés chaque jour, on n'en voit pas de très grands. On les préfère lorsqu'ils ont de la grosseur d'une châtaigne, et on enlève racine et branche, en mettant dans chaque trou une petite portion de terre finement tamisée, de manière à niveler le lit comme dans les grottes de Montrouge. Si la vieille superstition selon laquelle un champignon ne pousse jamais après avoir été vu par l'œil humain était vraie, le métier de champignonniste ne répondrait jamais ici, car les petits individus en herbe apparaissent chaque jour lors des opérations de cueillette et de mise à la terre. La propreté la plus parfaite s'observe partout dans le voisinage de ces lits, et toute la surface de chaque avenue en est couverte, laissant des passages de dix pouces ou d'un pied entre les lits. Au moment de ma visite (29 septembre 1868), les récoltes du cultivateur étaient réduites à leur plus bas niveau, et pourtant environ 400 livres. par jour étaient envoyés au marché. La quantité quotidienne moyenne provenant de cette grotte est d'environ 880 livres, et parfois elle est presque doublée.

Dans certaines parties de la grotte, le travail d'arrachage de la pierre avec de la poudre et des machines simples se poursuit continuellement. Les arcs suivent pour ainsi dire les veines de la pierre ; leurs parties inférieures sont en pierre dure, les supérieures en pierre tendre, sauf la partie supérieure, qui est encore dure. Il n'y a qu'une légère croûte de pierre au-dessus du sommet de chaque arc, et au-dessus de celle-ci la terre et les arbres.

On peut supposer que les bénéfices d'une culture aussi étendue sont grands ; et ils le sont, mais la dépense est également grande. Le propriétaire m'apprit que la culture, sur une échelle plus limitée que celle qu'il avait pratiquée l'année dernière à Méry, donnait le meilleur rendement en proportion de la dépense, les soins et la surveillance qu'exigeaient tant de kilomètres de lits étant trop grands.

Fig. 24. Extraction de la pierre dans des carrières souterraines.

Tout le fumier employé est amené de Paris par chemin de fer, car l'endroit est à vingt-cinq milles de cette ville par la route. D'abord, on paie à Paris une somme mensuelle pour le fumier de chaque cheval ; il faut ensuite le transporter jusqu'à la gare et le charger dans les wagons ; il est ensuite amené à la gare d'Auvers, puis transporté pendant quelques kilomètres jusqu'aux carrières, en payant en chemin un pont sur l'Oise. C'est sûrement une difficulté suffisante pour un pratiquant au début ! Ensuite, on le place en grands tas plats d'un mètre de profondeur sur environ trente de long et dix de large, non loin de l'entrée de la grotte, et ici on le prépare, on le retourne et on le mélange bien trois fois, et en règle générale on l'arrose deux fois. La préparation prend environ cinq ou six semaines, le fumier long exigeant plus de temps que le fumier court. L'arrosage n'est généralement pas fait régulièrement sur la masse, mais principalement là où elle est sèche et surchauffée. Chaque jour on apporte du fumier de Paris ; chaque jour, de nouveaux massifs sont aménagés et les anciens déblayés, le fumier usé étant utilisé pour le jardinage, notamment pour le surfaçage ou le paillage, afin d'éviter un rayonnement excessif du sol en été. Le principal avantage du cultivateur ici est la possibilité de transporter son fumier ou toute autre chose dans des charrettes, aussi facilement que si les plates-bandes étaient faites en plein air. Près de Paris, au contraire, il faut tout faire monter et descendre par des puits comme ceux d'un vieux puits, et les hommes doivent ramper de haut en bas comme des souris sur un poteau rugueux. De nombreux hommes sont employés dans la culture, l'examen quotidien de seize milles de lits étant en soi un travail considérable. Çà et là, on voit une barrière en forme de paille clouée entre des lattes, bloquant la grande arche jusqu'à une hauteur d'environ six pieds. Ceci afin d'éviter que les courants d'air ne se déplacent dans les vastes passages.

Le mode de préparation du frai ici est entièrement différent du nôtre. Ils préfèrent le blanc vierge, c'est-à-dire le blanc trouvé naturellement dans un tas de fumier. Mais comme cette matière ne peut pas être obtenue en quantité suffisante pour répondre aux besoins de producteurs aussi extensifs, ils en mettent une petite partie dans un champignonnier pour l'épandre, et au lieu de permettre à ce lit de produire des champignons, tout est utilisé comme blanc. , et est valorisé plus que tout autre. Bien sûr, le frai est abondant dans les anciens gisements, mais il n'est jamais utilisé directement. Il est cependant fréquemment employé pour frayer sur un petit lit lorsqu'il est impossible d'obtenir du blanc vierge. Dans ce cas, le petit lit destiné à la propagation du blanc est placé à l'air libre, recouvert de paille, et dès qu'il est imprégné du blanc, il est transporté dans les grottes et utilisé. Comme la création et la reproduction des lits sont un processus continu, un lit de ce type doit être prêt à tout moment. Il n'est jamais transformé en briques comme chez nous, mais simplement épandu à travers du fumier court et partiellement décomposé. [UN]

[A] M. Speed, surintendant des jardins de Chatsworth, a récemment préparé son propre frai, comme décrit à la p. 73, et avec une parfaite réussite.

On m'a informé que les mines de charbon ne sont pas adaptées à la culture des champignons, et que la moindre particule de fer dans les lits de fumier est évitée par le blanc, un cercle autour restant inerte. On dit que c'est la même chose avec le charbon. Si un ouvrier mal intentionné veut nuire à son employeur, il n'a qu'à se glisser près des lits avec une poche pleine de vieux clous rouillés et à en insérer un ici et là.

Fig. 25. Vue dans d'anciennes carrières souterraines consacrées à la culture des champignons, et dans l'occupation de M. Renaudot. 29 septembre 1868.

Les massifs restent en bonne tenue en général environ deux mois, mais durent parfois deux à trois fois plus longtemps. Un appareil utile pour faciliter l'arrosage des plates-bandes a été récemment inventé ; il consiste en une citerne d'eau portative qui doit être attachée au dos et équipée d'une rosace et d'un tube, afin qu'un ouvrier puisse transporter une plus grande quantité d'eau et l'appliquer plus régulièrement et plus doucement qu'avec les arrosoirs à l'ancienne mode. — tandis qu'une main est laissée libre pour porter la lampe. Un cadre en fer a également été inventé, dans lequel le lit est d'abord comprimé et façonné, le cadre étant ensuite inversé et le lit mis en place. Une autre invention, qui consiste à remettre les lits à la terre dès que le frai a pris, sera bientôt en opération, si ce n'est déjà fait. Comme on fait en moyenne 2 500 mètres de planches chaque mois, des dispositifs mécaniques simples destinés à faciliter l'opération se révéleront du plus grand avantage pour le cultivateur.

Outre les grottes des localités mentionnées ci-dessus, il existe d'autres lieux près de Paris où la culture se pratique, notamment au Moulin de la Roche, Sous Bicêtre, près de Sainte-Germaine, et aussi à Bagneux. L'égalité de température dans les grottes rend la culture du champignon possible en toutes saisons ; mais les meilleures récoltes se font en hiver, et par conséquent c'est le meilleur moment pour les voir. J'ai cependant vu des récoltes abondantes dans la partie la plus chaude de la saison très chaude de 1868. Ces champignonnières sont sous la surveillance du gouvernement et sont régulièrement inspectées comme toutes les autres mines dans lesquelles des travaux sont en cours. Quant à la profondeur à laquelle se pratique cette culture, elle varie ordinairement de vingt à cent pieds, atteignant parfois cent cinquante et cent soixante pieds de la surface de la terre. Ils sont si grands que parfois les gens s'y perdent. Dans un cas, le propriétaire d'une grande grotte s'est égaré, et il a fallu trois jours avant qu'il soit découvert, bien que des soldats et des volontaires en abondance aient été envoyés. Est-il possible que dans un grand pays d'exploitation minière et d'excavation comme le nôtre, nous ne puissions pas établir le même type d'industrie ?

CHAPITRE VII.

CULTURE SUR LITES PRÉPARÉES EN PLEIN AIR DANS LES JARDINS ET CHAMPS.

LES CHAMPIGNONS peuvent être cultivés facilement en plein air dans les jardins ; et c'est une phase de la culture avec laquelle les jardiniers ne sont en aucun cas suffisamment familiers. En fait, on peut dire que la culture de champignons en plein air dans les jardins privés n'existe pas à l'heure actuelle, c'est pourquoi elle est très rare.

Dans une petite brochure récemment parue sur la culture des champignons, je trouve qu'il est dit que les champignons peuvent être cultivés à l'extérieur « en été », mais rien sur leur culture en plein air en hiver. Les planteurs parisiens ne tentent jamais leur culture en été : ceux de Londres très rarement. C'est en hiver que leur culture se poursuit en pleine vigueur en plein air. Des récoltes abondantes sont pratiquées en plein air par les maraîchers de Londres et de Paris. Dans leurs plates-bandes, les champignons sont récoltés en grande quantité au milieu de l'hiver ainsi qu'en automne. Le maraîcher parisien ne s'essaye pas à la culture en plein été, et ne la croit pas praticable ; mais au cours du chaud été de 1868 et au milieu des chaleurs de juillet, j'ai trouvé à Brompton environ un demi-acre de terrain couvert de plates-bandes de champignons portant bien.

illustration suivante est tirée d'un croquis pris en novembre 1869, dans des champs maraîchers, entre Kensington et Brompton. Les lits, d'environ trois pieds et demi de haut et de même largeur à la base, sont recouverts de longue paille ou de litière tirée du fumier de l'écurie. Par-dessus sont placées de vieilles nattes de liber, ou tout autre matériau similaire, pour maintenir la litière à sa place et éloigner la pluie ; les nattes étant maintenues en place par des tuiles, des briques, de vieilles planches ou tout autre objet similaire qui pourrait être à portée de main. Ceci est bien montré dans mon illustration.

Fig. 26. Champignons dans les jardins maraîchers d'Earl's Court,
Kensington. Novembre 1869.

Le fumier employé est celui apporté des écuries de Londres, la litière la plus longue étant secouée et mise de côté pour recouvrir les lits. Aucun soin n'est apporté à la préparation du fumier ; on en fait généralement des lits peu de temps après avoir été ramené à la maison et avant de le laisser chauffer, puis les lits sont faits sous forme de noyaux de pommes de terre et battus très fermement. Les lits sont pondus à une température d'environ quatre-vingts degrés, les morceaux de blanc étant placés à environ un pied l'un de l'autre, puis ils sont immédiatement mis à la terre, le sol ordinaire étant utilisé et le lit recouvert d'une épaisseur de quelques centimètres. pouces. Le succès obtenu par les maraîchers de Londres et de Paris, avec la terre ordinaire du lieu où l'on peut faire les plates-bandes, prouve bien l'absurdité de rechercher une espèce particulière de terre pour couvrir les plates-bandes. Les plates-bandes ainsi faites pendant les mois d'automne et d'hiver et recouvertes d'une épaisse couche de litière et de nattes nécessitent rarement d'être arrosées. La culture n'est généralement pas tentée en été ; la chaleur agissant sur la litière donnant naissance à des insectes qui détruisent les champignons ; mais avec soin leur culture est tout à fait praticable en cette saison ; pour preuve, je peux dire qu'au cours de la dernière semaine de juillet 1868, je les ai vus rassemblés librement dans un jardin maraîcher juste à côté de la gare routière de Gloucester du chemin de fer métropolitain, où, en utilisant une couche de litière d'environ un pied d'épaisseur, et par-dessus une couche de nattes, il était possible de se les procurer en bon état tout au long de l'été le plus chaud de mémoire. Il y a plusieurs acres de terrain recouverts de plates-bandes ainsi faites dans les jardins maraîchers autour de Londres.

Fig. 27. Extrémité découverte d'une champignonnière dans un potager de
Paris. Janvier 1867.

Nous nous intéresserons ensuite à la culture du champignon en plein air près
de Paris. Autrefois les maraîchers le cultivaient parmi leurs récoltes ordinaires
avec un grand profit, mais comme les champignonnistes le cultivent sans
danger de froid dans les grottes, les maraîchers, qui le cultivaient en grande
partie dans les grottes, le plein air, faites-le maintenant dans une moindre
mesure. Ils commencent par la préparation du fumier, et recueillent celui du
cheval pendant un mois ou six semaines avant de faire les lits ; ils préparent
cela dans quelque endroit ferme du jardin, et en retirent tous les détritus,
particules de bois et matières diverses ; car, disent-ils, la ponte n'aime pas ces
corps. Après l'avoir ainsi trié, on le place en lits de deux pieds d'épaisseur ou
un peu plus, en le pressant avec la fourchette. Lorsque cela est fait, la masse
ou le lit est bien estampé, puis abondamment arrosé et enfin pressé de
nouveau par estampage. On le laisse dans cet état pendant huit ou dix jours,
après quoi il a commencé à fermenter, après quoi le lit doit être bien retourné
et refait au même endroit, en ayant soin de placer le fumier qui se trouvait à
proximité. les côtés du lit premier fait vers le centre lors du tournage et de la
refonte. La masse est maintenant laissée pendant encore une dizaine de jours,
au bout desquels le fumier est à peu près en bon état pour constituer les
plates-bandes qui doivent porter les champignons. De petits lits en forme de
crête, d'environ vingt-six pouces de largeur et de même hauteur, sont alors
formés en lignes parallèles à une distance de vingt pouces les unes des autres.

Dans un jardin maraîcher, ils peuvent s'étendre sur une étendue considérable,
leur longueur étant déterminée par les besoins du cultivateur. Les lits une fois
constitués d'une texture ferme et bien ajustée, le fumier recommence bientôt
à se réchauffer, mais ne devient pas malsain pour la propagation du frai.
Lorsque les plates-bandes ont été faites quelques jours, le cultivateur les fait
pondre, après s'être assuré au préalable que la chaleur est agréable et
convenable. Généralement, le frai est inséré à quelques pouces de la base et
à environ treize pouces de distance dans la ligne. Certains cultivateurs
insèrent deux lignes, la seconde à environ sept pouces au-dessus de la
première. Ce faisant, il serait bien sûr judicieux de réaliser les trous pour le
frai d'une manière alternative. Le blanc est inséré en flocons de la taille de
trois doigts, puis le fumier est refermé et fermement pressé autour. Ceci fait,
les lits sont recouverts d'environ six pouces de litière propre. Dix ou douze
jours après, les producteurs visitent les plates-bandes pour voir si le frai a
bien pris. Lorsqu'ils voient les filaments blancs s'étaler dans le lit, ils savent
que le frai a pris ; sinon, ils enlèvent le frai qu'ils supposent mauvais et le
remplacent par du meilleur. Mais, utilisant une bonne ponte et étant des
mains exercées au travail, ils échouent rarement dans ce domaine particulier
; et quand on voit le frai s'étendre bien à travers le lit, alors, et pas avant, ils

recouvrent les lits de terre fraîche et sucrée jusqu'à une profondeur d'environ un pouce ou deux. Pour se couvrir, le petit chemin entre les plates-bandes est simplement ameubli et la riche terre du jardin maraîcher est appliquée uniformément, fermement et doucement à la pelle. Grâce à ces plates-bandes en plein air, ils réussissent à se procurer des champignons en hiver. Une couverture remplie de litière abondante est posée immédiatement après la mise à la terre des plates-bandes et conservée là à titre de protection. Ils n'ont pas longtemps à attendre que les lits soient en pleine croissance, et lorsqu'ils sont dans cet état, il est préférable de les examiner et de les recueillir tous les deux jours, ou même tous les jours s'il y a beaucoup de lits. C'est ainsi qu'ils produisent d'excellents champignons, et en grande quantité, toute l'attention supplémentaire requise étant de renouveler la couverture lorsqu'elle pourrit, et d'arroser de temps en temps dans une saison très sèche.

Bien entendu, ce genre de culture est parfaitement praticable dans les jardins privés, où cependant je ne l'ai pas encore vu pratiqué. Là où il y a une champignonnière ou un hangar vide dans lequel on peut cultiver des champignons, il y aurait moins de raisons de s'en occuper, mais il existe de nombreux endroits où de telles commodités n'existent pas. En tout cas, il est souhaitable que les jardiniers sachent dans quelle mesure cette phase de la culture est pratiquée autour de Londres et de Paris, et avec quelle simplicité elle est réalisée. Au lieu de nattes, il serait préférable de recouvrir les lits d'une bâche ou d'un autre matériau bon marché qui empêcherait l'humidité d'entrer.

CHAPITRE VIII.

CULTURE DANS LES JARDINS, ETC., AVEC D'AUTRES CULTURES EN PLEIN AIR.

C'EST une phase de culture qui peut être poursuivie avec beaucoup d'avantages dans chaque jardin privé, presque sans frais ni attention. Les serres basses en forme de crête, par exemple, faites pour les concombres épineux longs et courts, les courges, les courges, etc., conviennent admirablement à la culture de champignons sous les feuilles des sujets pour lesquels ils ont été faits. Si le frai est inséré peu de temps après la création des lits, ou à tout moment opportun au début de l'été, les lits entreront en production en temps voulu. Peut-être pourront-ils le faire lorsque les champignons seront abondants dans les champs ; mais il y a des milliers de personnes possédant des jardins qui n'ont pas de champs pour récolter des champignons et qui voudraient les cueillir frais en été ou en automne, s'ils n'ont pas les moyens de les cultiver dans un endroit couvert en hiver. Et ce n'est qu'une façon parmi d'autres de les cultiver avec les cultures maraîchères d'été, comme il ressort de la communication suivante, de M. Ayres, au *Field* : -

« La meilleure récolte et les meilleurs champignons que j'ai jamais vus ont été cultivés en pleine terre et sans aucune protection. Je vais vous raconter comment cela s'est passé. Il y a quelques années, j'étais responsable du jardin d'un établissement de chasse réputé dans le Northamptonshire, l'une des aides au succès étant que le fumier d'une moyenne de près de cinquante chevaux bien nourris allait au jardin, le propriétaire faisant remarquer que, quelles que soient les autres des choses dont je pourrais manquer, il y aurait beaucoup de « merde ». Eh bien, pendant l'été, les meilleurs chasseurs étaient souillés dans des box en vrac, principalement sous abri, et dans ces box, le fumier pouvait s'accumuler jusqu'à ce qu'il commence à devenir trop chaud pour les pieds des chevaux ; il était alors indispensable de l'enlever. Vers le milieu de l'été, il se trouva que près de trois acres de terrain avaient été débarrassés des récoltes de printemps, des épinards, des premiers pois, des haricots, etc., et j'avais décidé de consacrer toute la parcelle aux brassicas d'hiver, au brocoli, aux choux de Bruxelles, etc. Le sol était brouillé et très pauvre, et par conséquent je résolus de nettoyer les caisses et d'y mettre tout le fumier. Il était transporté si riche en ammoniaque que les hommes qui le chargeaient versaient des larmes, non par sentiment, mais par contrainte ; et quand le fumier fut répandu sur la surface, il n'avait pas moins d'un pied d'épaisseur, si épais que le propriétaire dit qu'il était impossible de l'enfouir dans le sol. Cependant, après avoir creusé une tranchée à une extrémité de la pièce, large de trente pouces et profonde de près d'un pied, le sous-sol a été brisé avec de solides fourches en acier, et dessus le fumier recouvrant la bande suivante a été placé et recouvert de la terre superficielle de la prochaine tranchée ; et ainsi le travail se poursuivit jusqu'à ce que le fumier soit hors de vue. Je peux remarquer que les excréments, en particulier ceux autour des murs, contenaient des traces d'être fortement imprégnés de blanc de champignon, bien que cela n'ait pas été considéré comme étant susceptible de produire une récolte d'esculent. Une pluie torrentielle tombant, le sol fut immédiatement planté de crucifères, qui poussèrent comme si elles ne pouvaient s'empêcher de pousser - et en fait, elles ne le pouvaient pas.

« Nous n'avions pas planté de champignons et nous n'en attendions pas non plus ; mais, se promenant un matin de bonne heure en septembre, une bande d'hommes splendides se présentèrent, si grands, si épais et si solides, que lorsque je les accueillai pour le petit-déjeuner, mon *chef de cuisine* et « ma meilleure moitié » avaient de sérieux doutes quant à savoir s'ils étaient vraiment bons. 'la chose réelle.' Cependant ils furent mangés, et cet écrit est la preuve qu'ils ne m'ont pas empoisonné. En revenant sur la parcelle, j'ai découvert que le bouquet ramassé n'était pas solitaire : au contraire, le sol était littéralement pavé de champignons, dont beaucoup étaient si gros que des boisseaux étaient récoltés pour le ketchup en quelques heures ; tandis que les serviteurs d'un grand établissement, jusqu'au plus petit ouvrier, en furent franchement malades en quinze jours, et des charrettes pourrissaient sur le sol.

« La preuve de ce succès inattendu démontra deux choses : premièrement, que si le sol est librement fertilisé avec du fumier *frais* provenant de chevaux bien nourris, des champignons sont presque sûrs d'être produits ; et deuxièmement, plus le sol est couvert de feuillage de plantes, plus la récolte sera certaine. Ainsi, nous avons trouvé plus de champignons sous les choux de Savoie et les brocolis que sous les choux de Bruxelles, les premiers protégeant sans aucun doute la récolte des fortes pluies, dont nous savons qu'elles sont très préjudiciables à la récolte de champignons. Depuis cet exemple de culture de champignons, il y a près de quinze ans, j'ai souvent concentré le fumier frais sous une rangée de savoies ou de brocolis, en y jetant en même temps une poussière de blanc de champignon ou le fumier d'un champignonnier épuisé ; et, sauf dans les saisons très humides, j'ai rarement manqué d'avoir une bonne provision pendant les mois de septembre et d'octobre. Un point du succès me semble essentiel, c'est que l'eau ait à tout moment un libre passage à travers le sol ; d'où la nécessité de creuser le sol si l'on s'attend à des champignons aussi bien qu'à des crucifères.

Même dans les jardins où les champignons poussent bien dans des structures fermées, de tels résultats au début de l'automne seront souvent souhaitables ; tandis que dans de nombreux endroits où il y a peu ou pas de possibilités de les récolter en abondance dans d'autres circonstances, les cultures dans le jardin seront les bienvenues. Utilisez donc les vieilles champignonnières !

CHAPITRE IX.

CULTURE DE CHAMPIGNONS DANS LES PÂTURAGES, ETC.

MALGRÉ l'extrême abondance du champignon commun dans les prairies et les pâturages des îles britanniques, et probablement dans des endroits similaires partout dans le monde, il est rare dans de nombreuses situations, et il se peut que peu de personnes seraient prêtes à faire cela est plus fréquent dans leurs domaines. Il existe une opinion assez répandue selon laquelle cela ne peut pas être fait ; que le champignon est, dans une large mesure, une créature du hasard et qu'il ne peut être cultivé. Il ne s'agit pas d'une notion philosophique : il ne fait aucun doute que le champignon doit subir les résultats de la lutte pour la vie au même titre que toute autre espèce végétale. Considérant que nous avons prélevé le frai dans les champs et l'avons cultivé avec beaucoup de succès dans toutes sortes de positions, dans lesquelles il ne pourrait jamais habiter naturellement, il est absurde de supposer que nous ne pouvons pas l'amener à croître dans des positions exactement similaires à celles de son habitat naturel. habitat. On le trouve dans les prairies et les pâturages ouverts et ensoleillés, et en évitant l'ombre des arbres, on le cultive, comme nous l'avons vu, dans les mines sombres et profondes ; pourtant les gens supposent qu'on ne peut pas le cultiver dans les pâturages où on ne le trouve pas. On en déduit à tort qu'il y a quelque chose dans sa constitution ou dans ses habitudes qui fait que cela se produit exclusivement à certains endroits ; mais on pourrait aussi bien dire cela de n'importe quelle autre plante. Nous savons bien que des centaines de plantes indigènes sont suffisamment robustes pour pousser presque partout, mais combien d'entre elles ne sont que rares et distribuées localement ! Encore une fois, de nombreuses plantes sont des mauvaises herbes dans une région et sont inconnues dans une autre, peut-être voisine.

Comme le remarque le révérend MJ Berkeley : « Il est presque inutile de faire allusion à l'idée, quoique très courante, qui considérerait ces productions comme les créatures du hasard ou d'un heureux concours de circonstances favorables à leur croissance à partir d'éléments inorganiques. . Il est vrai qu'ils surviennent souvent dans des situations inattendues et, à cause de leur extrême rapidité de développement, ils semblent ne pas pouvoir provenir d'une graine. Mais, de même qu'une enquête précise a maintenant jeté beaucoup de lumière sur le mystère dans lequel l'origine des vers intestinaux était récemment impliquée, de même les phénomènes qui accompagnent la croissance des champignons reçoivent progressivement de la lumière et se révèlent suivre essentiellement les mêmes lois que les autres. des légumes parfaits. Il est en fait tout à fait juste de conclure que les champignons, comme la plupart des autres plantes, n'occupent qu'un petit espace dans la vaste étendue du sol et du site qui sont naturellement adaptés à leur croissance. J'ai lu dans un journal de jardinage qu'« il est impossible de commander une récolte de champignons en extérieur ». Je suis convaincu que cela peut être réalisé avec presque autant de certitude que n'importe quelle autre culture, à condition de prendre en considération certaines conditions. Bien sûr, nous devons nous rappeler ses besoins naturels ; plus nous le ferons, plus nous serons certains de réussir. Nous savons qu'il pousse le plus abondamment dans les riches pâturages d'altitude où l'eau ne coule pas, associé à la sétaire des prés, à la fétuque des prés et à la fétuque dure, aux graminées à dactyle, aux trèfles, aux primevères, aux marguerites, à l'achillée millefeuille, etc., ainsi qu'aux chardons. (*Cnicus lanceolatus* et *C. arvensis*), et d'autres plantes friandes de sols similaires. Nous savons qu'on le trouve rarement là où abondent le chardon des marais (*Cnicus palustris*), l'herbe à poils touffus et d'autres herbes et plantes des marais, et de la présence ou de l'absence de ces plantes, nous pouvons facilement nous décider quant à la postes qui lui conviennent le mieux. Or, il a été prouvé depuis longtemps dans les jardins qu'il est tout à fait possible de cultiver des plantes à un degré de perfection bien plus élevé qu'elles n'atteindront jamais à l'état sauvage, dans des conditions entièrement différentes, et il n'est pas improbable que nous soyons capables de cultivez le champignon commun dans des sols et des emplacements très éloignés de ceux dans lesquels il pousse naturellement. Mais il n'y a aucune raison de faire quoi que ce soit de pareil. Il aime les pâturages et les prairies bien drainés et secs, et le pays n'en est-il pas couvert ?

Après avoir choisi la position dans laquelle nous souhaitons propager les champignons, et aucun pâturage moyennement sec ne doit en être dépourvu, la prochaine chose à considérer est la fourniture du blanc. Jusqu'à présent, c'est là probablement la grande difficulté. Quand près de 20 *l.* Si l'on utilisait chaque année une valeur de blanc de champignon dans les champignonnières d'un grand jardin, les dépenses nécessaires pour engendrer un vaste pâturage pourraient bien alarmer les plus riches propriétaires terriens amateurs de champignons ; mais il n'y a pas la moindre occasion d'acheter le frai à cet effet. Chaque fermier et gentilhomme de la campagne peut le faire aussi facilement ou plus facilement que le producteur de blanc, sans aucune dépense ni inconvénient, l'essentiel étant une quantité de fumier d'étable assez court.

Lorsque ces matériaux sont rassemblés en gros tas, il sera facile d'obtenir immédiatement les matériaux nécessaires. Dans le cas contraire, quelques chargements de fumier d'étable non mélangé à de la paille longue peuvent être jetés ensemble à l'air libre et préparés à cet effet. Il n'est pas nécessaire de le placer dans un hangar d'aucune sorte, mais s'il y en a un à portée de main, c'est encore mieux. S'il est préparé à l'air libre, il doit être dans un endroit sec ; les matériaux doivent être soumis exactement à la même préparation que celle utilisée pour fabriquer un champignonnière, décrite précédemment. Ils doivent être transformés en un lit en forme de fosse à pommes de terre et pondus de la manière habituelle. Pour cette ponte, il faut bien sûr se procurer un peu de blanc, qu'il soit fait maison ou acheté chez le semencier, ou trouvé dans ce que les Français appellent « à l'état vierge » dans le fumier. En tout cas, il ne sera pas difficile de frayer un ou plusieurs bancs de cette manière, d'autant plus que rien n'empêche les gens de sécher en une seule fois autant de blanc de production artisanale qu'il en faudra pour un an ou plus. Le frai doit pouvoir s'écouler à travers ce lit, qui doit être recouvert d'une légère pincée de terre et battu assez fermement. Lorsqu'il a pénétré à travers le lit, il devrait, juste avant d'arriver à l'état de roulement, être prêt à être utilisé comme ponte. Le nombre de plates-bandes ainsi frayées peut être limité en fonction de l'étendue du terrain sur lequel on envisage de cultiver les champignons. Ce frai peut être inséré dans les prés au début de l'été, le moment le plus approprié est par beau temps en mai, et le frai doit être inséré dans des trous espacés de six à dix pieds.

La manière la plus rapide et la meilleure de l'insérer est celle appelée plantation en T, en frappant la pelle dans la ligne représentée par la perpendiculaire du T, puis dans la ligne horizontale du haut, en repoussant la pelle lorsqu'elle est dans la dernière position, de manière à admettre facilement l'insertion d'un ou plusieurs morceaux de blanc. Le type de blanc préparé comme je l'ai recommandé tombe généralement en petits morceaux, plus susceptibles d'imprégner la terre rapidement que les morceaux rigides ressemblant à des briques du blanc de pépinière. Le sol, après l'insertion du blanc, doit être pressé fermement avec le pied. Quant à la profondeur à laquelle le blanc doit être déposé, il vaudrait mieux ne pas le mettre à une profondeur donnée, mais de telle sorte que, même si un morceau d'éclat peut se trouver à une profondeur de six pouces ou presque, d'autres puissent toucher le très superficiel. Ceci, il est à peine besoin de le souligner, permettrait au frai de végéter à la profondeur et à la température qui lui conviennent le mieux. Il serait préférable de frayer à des moments légèrement différents et, si possible, avec des échantillons de blanc différents : ainsi, par exemple, il serait bon d'utiliser un mélange de blanc vieux et séché avec celui prélevé fraîchement sur l'un des bancs. fait allusion. Si cela n'était pas pratique, une partie du grand lit de blanc pourrait être mise à sécher et utilisée une semaine ou deux après. La manière la plus économique d'y parvenir à grande échelle serait probablement d'employer un certain nombre de garçons, guidés par un ouvrier expérimenté.

Il n'est guère souhaitable de tenter la culture sur des pelouses bien entretenues, car peu importe à quel point celles-ci conviennent, l'apparence d'une grande récolte de champignons aurait tout sauf tendance à embellir le tapis de gazon et deviendrait probablement offensante à cause de leur odeur.

Ce qui précède se rapporte à la culture des champignons dans les pâturages, les prairies, etc. Il n'y a pas la moindre raison pour qu'une méthode de culture similaire ne réussisse pas dans des champs entourés de cultures vertes. Comme de grandes récoltes de champignons ont été produites dans les jardins sous des brocolis, etc., il n'y a aucune raison pour qu'ils ne soient pas cultivés de la même manière sous des navets des champs, des mangold-wurtzel, etc. Le blanc, qui pourrait être si facilement préparé par n'importe quel agriculteur, pourrait être facilement inséré dans les côtés des semoirs dans lesquels ces cultures sont habituellement cultivées, dont la légère élévation, en préservant le blanc d'une humidité excessive, favoriserait son développement, et il prendrait possession et imprégnerait le fumier présent dans la foreuse. En fait, des quantités prodigieuses pourraient être récoltées de cette manière et d'autres similaires, sans trop de peine ; et si les champs étaient ensuite défrichés, comme cela arrive souvent, le pâturage ou la prairie deviendrait probablement une véritable champignonnière.

CHAPITRE X.

LES CHAMPIGNONS COMMUNS.

Agaricus campestris (véritable champignon des prés).

LE champignon commun des prés varie considérablement, mais « tous ont en commun un *chapeau charnu* , tantôt lisse, tantôt écailleux, de couleur blanche, ou de différentes nuances de fauve, fuligineuse ou brune ; *branchies* libres, d'abord pâles, puis de couleur chair, puis roses, puis violettes, enfin noir fauve ; la *tige* blanche, pleine, ferme, de forme variable, munie d'un anneau blanc persistant ; les *spores* sont brun-noir et une volve très *fugace* . »— *Esculent Fungus of England de Badham.*

Fig. 28. *Agaricus campestris* (le vrai champignon des prés). Les pâturages, l'automne ; couleur, blanc ou brun pâle; branchies, saumon, longuement noires; diamètre, 3 à 6 pouces. Les spores sont agrandies de 700 diamètres.

Il n'y a presque personne en Angleterre qui ne se sente compétent pour décider de l'authenticité d'un champignon ; ses branchies roses le distinguent facilement d'un champignon apparenté, *Ag. arvensis* , dont les branchies sont d'un gris couleur chair, et parmi les récoltes de dix mille mains, une erreur est rare ; et pourtant aucun champignon ne se présente sous une telle variété de formes, ni une si singulière diversité d'aspect ! La déduction est claire ; moins de distinction que celle employée pour distinguer celle-ci permettrait à quiconque prendrait la peine de reconnaître d'un coup d'œil plusieurs de ces espèces esculentes qui, chaque printemps et chaque automne, remplissent en abondance nos plantations et nos pâturages. Il ne s'agit pas non plus d'une simple question de déduction ; elle est corroborée d'une manière singulière par ce qui se passe à Rome ; là, tandis que plusieurs centaines de paniers de ce que nous appelons des champignons vénéneux sont ramenés à la maison pour la table, presque le seul condamné à être jeté dans le Tibre, par l'inspecteur du marché aux champignons, est notre propre champignon ; en effet, cela est si redouté dans les États pontificaux que personne n'y toucherait sciemment. « C'est une des imprécations les plus féroces, écrit le professeur Sanguinetti, parmi nos classes inférieures, infâmes par l'horreur de leurs serments, de prier pour qu'on meure d'un *Pratiolo* ; » et bien qu'il soit enregistré depuis quelques années parmi les champignons esculents de Milan et de Pavie (d'après Vittadini), il n'a pas encore trouvé sa place sur ces marchés. M. Worthington G. Smith, dans son ouvrage « Mushrooms and Toad-stools », nuance cette déclaration du Dr Badham.

L'*Agaricus campestris* n'est généralement pas apprécié en Italie, il est même rarement consommé et n'apparaît jamais sur les marchés, pour la simple raison qu'il ne serait pas vendu. Il existe un édit ordonnant de jeter certains champignons dans le Tibre, mais il existe maintenant et est depuis longtemps complètement caduque ; et bien qu'il y ait une abondance d' *A. Cæsareus* (sans doute le plus délicieux de tous les champignons) pour les marchés d'Italie, il ne faut pas s'attendre à ce que la consommation soit abandonnée pour une autre espèce peu connue.

Les modes de cuisson de cette espèce. — « Le champignon, ayant les mêmes principes immédiats que la viande, demande, comme la viande, d'être cuit avant que ceux-ci ne se altèrent. L' *Ag. les campestris* peuvent être préparés de manières très diverses : ils donnent une fine saveur à la soupe et améliorent grandement le thé de bœuf ; là où l'arrow-root et les bouillons faibles sont désagréables pour le patient, le simple assaisonnement d'un peu de ketchup formera souvent un changement agréable. Certains les rôtissent en les arrosant de beurre fondu et de sauce au vin blanc (français). En galettes et en *vols-au-vent*, ils sont également excellents ; dans les fricassées, comme chacun le sait, elles constituent l'élément important du plat. Roques recommande dans tous les cas l'ablation des branchies avant le dressage, ce qui, s'il assure un *entremets* plus élégant , ne fait que flatter l'œil aux dépens du palais. » — *Badham.*

Agaricus arvensis (Cheval-Champignon).

« *Chapeau* charnu, obscurément conico-campanulé, puis élargi, d'abord floconneux, puis lisse, régulier ou rivuleux ; *tige* creuse, à moelle floconneuse ; *anneau* large, pendant, double, l'extérieur divisé en rayons ; *branchies* libres,

plus larges à l'avant, d'abord blanc sale, puis brunes, teintées de rose. » —
Outlines of British Fungology de Berkeley.

Fig. 29. *Agaricus arvensis* (Horse-Mushroom). Pâturages, en automne ;
couleur, jaunâtre; branchies pâles, enfin noires ; diamètre, 6 à 24 po.

« Cette espèce est très proche du champignon des prés et pousse
fréquemment avec lui, mais elle est plus grossière et n'a pas cette saveur
délicieuse. Il est généralement beaucoup plus grand et atteint souvent des
dimensions énormes ; il vire au jaune brunâtre dès qu'il est cassé ou meurtri.
Le dessus des bons spécimens est lisse et blanc comme neige ; les branchies
ne sont pas du rose pur du champignon des prés, mais d'un blanc brunâtre
sale, devenant finalement brun-noir. Il a un gros anneau floconneux
déchiqueté et la tige moelleuse a tendance à être creuse. C'est *l'* espèce
exposée à la vente au Covent Garden Market. En effet, après avoir connu le
marché pendant de nombreuses années, j'y ai rarement vu d'autres espèces ;
Mais quand le vrai champignon *est* là, il est fréquemment mêlé aux
champignons de cheval, ce qui semble montrer que les marchands ne se
connaissent pas. Dans les journées humides de l'automne, les enfants, les
oisifs et les mendiants parcourent quelques kilomètres de la ville dans les
prairies pour cueillir tout ce qu'ils peuvent trouver dans la rangée de
champignons ; ils apportent ensuite leur stock sale au marché, où il est vendu
à des acheteurs à la mode ; rassis, insipide et sans goût, à moins qu'il ne soit
mauvais.

« Lorsqu'il est jeune et frais, le champignon de cheval est un ajout très apprécié à la carte : il donne une sauce abondante et la chair est ferme et délicieuse. C'est une plante précieuse lorsqu'elle est fraîchement cueillie, mais lorsqu'elle est rassis, elle devient dure et coriace, et sans arôme ni jus.

« Il existe une curieuse grande variété brune et velue, assez rare, semblable à la variété velue du champignon des prés, l' *A. villaticus* du Dr Badham. C'est une forme splendide, mais je pense que c'est très rare. Je ne l'ai vu qu'une fois.

« De nombreux paysans distinguent facilement le champignon des prés du champignon du cheval et manifestent de l'antipathie à l'égard de ce dernier, bien qu'ils soient toujours prêts à le mettre dans le pot comme l'un des ingrédients du ketchup. Les avis semblent très divergents quant à l'excellence de cette espèce. M. Penrose écrit : « Je pense que les jeunes spécimens, et surtout les boutons, sont très indigestes ; jusqu'à ce qu'ils soient bien ouverts, ils sont impropres à l'usage. Toutefois, je dois dire que telle n'est pas mon expérience des spécimens de boutons.

« Il y a une forte odeur attachée à la fois au champignon et au blanc, le sol juste en dessous de la surface étant souvent blanc avec ce dernier ; ou si l'on jette du fumier de cheval dans une riche prairie fréquentée par des animaux graminivores, la terre présentera fréquemment une blancheur neigeuse provenant du frai de cette espèce, d'où l'on peut voir surgir les jeunes individus.

« Une fois, j'ai vu un mouton manger un gros spécimen avec un grand enthousiasme apparent, même si le champignon était plein d'asticots. » – *Worthington G. Smith.*

CHAPITRE XI.

MODES DE CUISSON DES CHAMPIGNONS COMMUNS.

LES modes de cuisson des champignons suivants peuvent s'avérer utiles à certains : –

Faire mijoter des champignons. — Coupez et frottez une demi-pinte de gros champignons de Paris ; mettez dans une casserole deux onces de beurre, secouez-le sur le feu jusqu'à ce qu'il soit complètement fondu ; mettez-y les champignons, une cuillerée à thé de sel, la moitié de poivre et une lame de macis pilée ; faites cuire jusqu'à ce que les champignons soient tendres, puis servez-les sur un plat chaud. Ils sont généralement envoyés comme plat de petit-déjeuner, donc préparés dans du beurre.

Champignons à la crème. — Parez et frottez une demi-pinte de champignons de Paris, dissolvez deux onces de beurre roulé dans la farine dans une cocotte ; puis mettez-y les champignons, un bouquet de persil, une cuillerée à thé de sel, une demi-cuillerée à thé chacune de poivre blanc et de sucre en poudre, secouez la poêle pendant dix minutes, puis battez les jaunes de deux œufs, avec deux cuillerées à table de crème, et ajoutez-les peu à peu aux champignons ; en deux ou trois minutes vous pourrez les servir dans la sauce.

Champignons sur du pain grillé. — Mettez une pinte de champignons dans une cocotte, avec deux onces de beurre roulé dans la farine ; ajoutez une cuillère à thé de sel, une demi-cuillère à thé de poivre blanc, une lame de macis en poudre et une demi-cuillère à thé de citron râpé ; laisser mijoter jusqu'à ce que tout le beurre soit absorbé, puis ajouter autant de *roux blanc* que possible pour humidifier les champignons ; faites revenir une tranche de pain dans du beurre, selon le plat, et dès que les champignons sont tendres, servez-les sur les toasts.

Mettre les champignons en pot. —Les petits champignons ouverts conviennent mieux au rempotage. Coupez-les et frottez-les; mettez dans une casserole un litre de champignons, trois onces de beurre, deux cuillerées à thé de sel et une demi-cuillerée à thé de Cayenne et de macis mélangés, et laissez mijoter pendant dix ou quinze minutes, ou jusqu'à ce que les champignons soient tendres ; sortez-les soigneusement et égouttez-les parfaitement sur un plat incliné, et à froid, pressez-les dans de petits pots et versez dessus du beurre clarifié, dans lequel ils se conserveront une semaine ou deux. S'il faut les conserver plus longtemps, mettez du papier à lettres sur le beurre et sur ce suif fondu, ce qui les conservera efficacement pendant plusieurs semaines, s'il est conservé dans un endroit sec et frais.

Pour mariner les champignons. — Sélectionnez un certain nombre de petits champignons de pâturage sains, aussi gros que possible; jetez-les quelques minutes dans l'eau froide ; puis égouttez-les ; coupez les tiges et frottez doucement la peau extérieure avec une flanelle humide trempée dans du sel ; puis faites bouillir le vinaigre, en ajoutant à chaque litre deux onces de sel, une demi-muscade tranchée, une drachme de macis et une once de grains de poivre blanc ; mettez les champignons dans le vinaigre pendant dix minutes sur le feu ; puis versez le tout dans des petits pots en prenant soin que les épices soient également réparties ; laissez-les reposer un jour, puis couvrez-les.

Une autre méthode. — Dans les champignons marinés, prenez seulement les boutons et, pendant qu'ils sont bien proches, coupez la tige au niveau des branchies et frottez-les bien proprement. Mettez-les dans de l'eau et du sel pendant quarante-huit heures, puis ajoutez du poivre et du vinaigre dans lequel on a fait bouillir du poivre noir et un peu de macis. Le vinaigre doit être appliqué à froid. Ainsi marinés, ils se conserveront des années.

Champignons en Ragoût. —Mettez dans une cocotte un peu de bouillon, un peu de vinaigre, du persil et des oignons verts hachés, du sel et des épices. Quand celle-ci est sur le point de bouillir, les champignons étant nettoyés, mettez-les dedans. Une fois cuits, retirez-les du feu et épaississez avec les jaunes d'œufs.

Champignons et pain grillé. — Épluchez les champignons et retirez les pieds. Faites-les frire à feu vif. Lorsque le beurre est fondu, retirez la poêle. Pressez-y le jus d'un citron. Laissez les champignons frire à nouveau quelques minutes. Ajoutez du sel, du poivre, des épices et une cuillerée d'eau dans laquelle une gousse d'ail coupée en morceaux a trempé pendant une demi-heure ; laissez-le mijoter. Lorsque les champignons sont cuits, faites un épaississement des jaunes d'œufs. Versez les champignons sur du pain frit au beurre et disposez-les dans le plat.

Champignons en Caisse. —Épluchez légèrement les champignons et coupez-les en morceaux. Mettez-les dans des caissettes en papier beurré, avec un peu de beurre, du persil, des oignons verts et des échalotes hachées, du sel et du poivre. Dressez-les sur la grille à feu doux et servez dans les caissettes.

Champignons à la provençale. —Prenez des champignons de bonne taille. Retirez les tiges et faites-les tremper dans l'huile d'olive. Coupez les tiges avec une gousse d'ail et du persil. Ajoutez la chair des saucisses et deux jaunes d'œufs pour les unir. Disposez les champignons et garnissez-les de farce. Arrosez-les d'huile fine, et dressez-les au four, ou au *four de campagne* .

Champignons au four. —Épluchez le dessus d'une vingtaine de champignons ; coupez une partie des tiges et essuyez-les soigneusement avec un morceau de flanelle trempé dans du sel. Disposez les champignons dans un plat en fer blanc, mettez un petit morceau de beurre sur chacun et assaisonnez-les de poivre et de sel. Mettez le plat au four et faites-les cuire de vingt minutes à une demi-heure. Une fois cuits, disposez-les en hauteur au centre d'un plat très chaud, versez la sauce autour et servez rapidement et le plus chaud possible.

Champignons gratinés. — Prenez douze gros champignons d'environ deux pouces de diamètre, parez les tiges, lavez et égouttez les champignons sur un torchon ; coupez et hachez les tiges. Mettez dans une cocotte d'un litre une once de beurre et une demi-once de farine ; remuer sur le feu pendant deux minutes; puis ajoutez une pinte de bouillon; remuer jusqu'à réduction de la moitié de la quantité. Égoutter soigneusement les pieds des champignons hachés dans un torchon ; mettez-les dans la sauce avec trois cuillerées à soupe de persil haché et lavé, une cuillerée à soupe d'échalote hachée et lavée, deux pincées de sel, une petite pincée de poivre ; faites réduire à feu vif pendant huit minutes, mettez deux cuillères à soupe d'huile dans une *sauteuse* ; y déposer les champignons, la partie creuse vers le haut ; remplissez-les de fines herbes et saupoudrez-les légèrement d'une cuillerée à table de râpes ; mettre à four vif pendant dix minutes et servir.

Soupe aux champignons. —Prenez une bonne quantité de champignons, coupez le bout terreux, cueillez-les et lavez-les. Faites-les revenir avec du beurre, du poivre et du sel dans un peu de bon bouillon jusqu'à ce qu'ils soient tendres ; sortez-les et hachez-les tout petits ; préparez un bon bouillon comme pour toute autre soupe, et ajoutez-le aux champignons et à la liqueur dans laquelle ils ont été mijotés. Faites bouillir le tout et servez. Si vous désirez une soupe blanche, utilisez des champignons de Paris blancs et un bon fond de veau, en ajoutant une cuillerée de crème ou un peu de lait, selon la couleur.

Les « reçus familiaux » suivants ont été communiqués par un ami :

Nettoyez une douzaine de medium-size, placez deux ou trois onces de bon jus de bœuf propre dans la poêle, et avec elle une cuillerée à table ou plus de bonne sauce de bœuf. Mettez la poêle sur un feu doux et, au fur et à mesure que le jus fond, placez-y les champignons, en ajoutant du sel et du poivre au goût. En quelques minutes, ils seront cuits, et trempés dans la sauce et servis sur une assiette chaude, ils formeront un plat capital. En l'absence de sauce, un *soupçon* d'« extractum carnis » peut être remplacé.

Champignons au bacon. — Prenez quelques champignons bien développés, et après les avoir nettoyés, procurez-vous quelques tranches de joli lard strié et faites-les frire de la manière habituelle. Une fois presque terminé, ajoutez une douzaine de champignons et faites-les revenir lentement jusqu'à ce qu'ils soient cuits. Dans ce processus, ils absorberont toute la graisse du bacon et, avec l'ajout d'un peu de sel et de poivre, formeront une relish de petit-déjeuner des plus appétissantes.

Les tiges de champignons, si elles sont jeunes et fraîches, constituent un plat capital pour ceux qui n'ont pas le privilège de manger des champignons. Frottez-les bien proprement, et après les avoir lavés dans du sel et de l'eau, coupez-les en tranches de l'épaisseur d'un shilling, puis placez-les dans une casserole avec suffisamment de lait pour qu'ils soient tendres ; ajoutez un morceau de beurre et un peu de farine pour épaissir, ainsi que du sel et du poivre au goût. Servir sur une tartine de pain, dans un plat chaud, et ajouter des bouchées de pain grillé. Cela fait un plat de souper léger et très délicat, et n'est pas une mauvaise sauce pour une volaille bouillie.

CHAPITRE XII.

CERTAINS DES CHAMPIGNONS COMESTIBLES LES PLUS COMMUNS ET UTILES.

« Des quintaux entiers de nourriture riche et saine pourrissent sous les arbres ; des bois regorgeant de nourriture, et pas une seule main pour la rassembler ; et cela, peut-être, au milieu de la maladie de la pomme de terre, de la pauvreté et de toutes sortes de privations, et de prières publiques contre une famine imminente.

Dr Badham.

PRÉCIEUX que soit le champignon commun, il est incontestable que de nombreuses autres espèces sont également capables de fournir une excellente nourriture. Par conséquent, des chiffres sont donnés sur les espèces de champignons comestibles les plus répandues, les plus utiles et les plus faciles à reconnaître, ainsi que sur les champignons communs de nos jardins et de nos marchés. Ces figures ont été admirablement dessinées par MWG Smith et sont accompagnées de ce qui semble être les descriptions les plus satisfaisantes des caractères et des propriétés que l'on peut obtenir. Les spores qui accompagnent les figures sont uniformément agrandies de sept cents diamètres.

Marasmius oreades (Champignon aux anneaux de fées).

Chapeau lisse, charnu, convexe, subumboné, généralement plus ou moins comprimé, coriace, coriace, élastique, ridé ; lorsqu'il est imbibé d'eau, brun; une fois sec, de couleur chamois ou crème, l'umbo restant souvent rouge-brun, comme brûlé ; *branchies* libres, distantes, ventriceuses, de la même teinte que le chapeau, mais plus pâles ; *tige* égale, solide, tordue, très coriace et fibreuse, de couleur blanc soyeux pâle.

Figure 30—1. *Marasmius oreades* (Champignon aux anneaux de fées).
Pâturages, bords de chemin et bas, en automne ; couleur chamois pâle;
branchies larges et espacées ; diamètre, 1 à 2 pouces.

Figure 30—2. *Marasmius urens* (Faux Champignon). Bois et pâturages en
automne ; couleur chamois pâle; *branchies étroites et serrées* ; diamètre, ½ pouce
à 1½ pouces.

L'agaric en anneau de fée est un petit champignon précieux et commun sur presque toutes les pelouses. Dans les pâturages vallonnés, il apparaît généralement sous forme de larges taches brunes, soit circulaires, soit formant une portion de cercle.

M. urens , le plus âcre de tous les champignons alliés, pousse généralement dans les bois, bien que parfois dans le cercle des fées. Cependant, son sommet plat et ses branchies étroites et encombrées permettent de le distinguer facilement n'importe où.

Opinions sur les mérites de Marasmius oreades comme champignon comestible. — « Sur le continent, cette espèce a longtemps été considérée comme comestible, mais à cause de sa texture coriace, elle est séchée et employée sous forme de poudre, pour assaisonner divers plats préparés. » — *Dr Greville.*

« Le champignon en anneau de fée est le meilleur de tous nos champignons, et pourtant il n'y a guère une personne sur mille qui ose se risquer à l'utiliser. Avec une observation commune, il n'y a pas lieu de s'y tromper. Il a une saveur extrêmement fine et constitue peut-être le meilleur ketchup qui soit. »— *Révérend MJ Berkeley.*

« Une excellente saveur, aussi bonne que celle de la plupart des champignons. » – *Dr Badham.*

Modes de cuisson de Marasmius oreades. - Usage général. —« Coupé en petits morceaux et assaisonné, il constitue un excellent ajout aux ragoûts, aux hachis ou aux viandes frites, mais il ne doit être ajouté que quelques minutes avant de servir, car l'arôme se dissipe en cas de cuisson excessive. C'est le champignon utilisé dans les boucheries françaises *à la mode à Londres.* »— *Dr Badham.*

Une fois cuits, les champignons nécessitent un temps un peu plus long pour être parfaitement tendres. Ils sont facilement séchés en retirant les tiges du champignon, en les enfilant sur une ficelle et en les suspendant dans un endroit sec et aéré. « Une fois séché, il peut être conservé pendant des années sans rien perdre de son arôme ni de sa qualité, qui, au contraire, s'améliorent par le processus, de manière à donner au plat plus de saveur que celle qu'on aurait pu lui donner. le champignon frais ; mais il ne faut pas nier que la chair devient alors coriace (ou dure) et moins facile à digérer. » — *Dr Badham.*

Poudre de champignons. —Mettez les champignons dans une cocotte avec un peu de macis, quelques clous de girofle et une pincée de poivre blanc. Laisser mijoter et secouer constamment pour éviter de brûler, jusqu'à ce que la liqueur qui pourrait en exsuder soit à nouveau séchée. Séchez soigneusement dans un four chaud jusqu'à ce qu'ils soient facilement poudrés. Mettez l'agaric séché, ou la poudre, dans des bouteilles en verre à large goulot et conservez-le dans un endroit sec. Il se conservera n'importe quelle durée. Une cuillerée à thé ajoutée à n'importe quelle soupe, ou sauce, juste avant la dernière ébullition, produira une très fine saveur de champignon.

Champignons marinés. —Récupérez des boutons frais de l'agaric anneau de fée et utilisez-les immédiatement. Coupez les tiges assez près et jetez chacune d'elles au fur et à mesure dans une bassine d'eau dans laquelle on aura mis une cuillerée de sel. Égouttez-les ensuite rapidement et placez-les sur un chiffon doux pour les faire sécher. Pour chaque litre de boutons ainsi préparés, prenez près d'un litre de vinaigre de vin blanc pâle, et ajoutez-y une grosse cuillerée à thé de sel, une demi-once de poivre blanc entier, une once de racine de gingembre écrasée, deux grosses lames de poivre. du macis et un quart de cuillère à sel de poivre de Cayenne noué dans un petit morceau de

mousseline. Lorsque ce cornichon bout, ajoutez les agarics et faites-les
bouillir à feu clair à vitesse moyenne, de six à neuf minutes. Lorsqu'ils sont
assez tendres, mettez-les dans des bouteilles *chaudes* à large goulot et
répartissez également les épices entre eux. Lorsqu'ils sont parfaitement froids,
bien boucher ou attacher des peaux et du papier dessus. Conserver dans un
endroit sec et à l'abri du gel.

Les champignons de grande taille peuvent être marinés exactement de la
même manière, mais nécessiteront une ébullition plus longue, jusqu'à ce qu'ils
deviennent effectivement tendres. — *Modifié de Miss Acton.*

Champignons rapidement marinés. —Placez les boutons préparés dans des
bouteilles avec une lame de macis, une cuillère à thé de grains de poivre et
une cuillère à thé de graines de moutarde dans chacune, et recouvrez du
vinaigre de vin blanc le plus fort bouillant. Bouchez ou attachez comme
avant, mais ne vous attendez pas à ce qu'ils se conservent plus de trois mois.

Agaricus procerus (l'agaric parasol).

Fig. 31. *Agaricus procerus* (champignon écailleux). Pâturages, etc., en automne
; couleur chamois brunâtre pâle; diamètre, 5 à 12 pouces.

Chapeau charnu, ovale lorsqu'il est jeune, puis campanulé, puis élargi et umboné (pointu émoussé), de trois à sept pouces de diamètre. Cuticule plus ou moins brune, entière sur l'umbo, mais déchirée en plaques ou écailles qui se séparent de plus en plus à mesure qu'elles se rapprochent du bord. Chair blanche. *Branchies* non reliées à la tige, fixées à un collier sur le chapeau entourant son sommet. *Anneau* persistant, lâche sur la tige. *Tige de* six ou huit pouces de haut, effilée vers le haut à partir d'un bulbe ressemblant à une poire à la racine, creuse avec une moelle lâche, brun blanchâtre, mais plus ou moins panachée d'écailles petites et serrées.

Chaque fois qu'un agaric à *tige longue*, élargie *à la base*, présente *une cuticule sèche* plus ou moins *écailleuse*, un *sommet umboné de couleur plus foncée*, *un anneau mobile* et des branchies *blanches*, il doit s'agir d'*Agaricus procerus*, l'agaric parasol, et il peut s'agir de cueillis et mangés sans crainte. Lorsque la chair blanchâtre de cet agaric est meurtrie, elle présente une légère couleur rougeâtre.

Il n'y a que deux autres agarics qui lui ressemblent, et tous deux sont comestibles. *Agaricus rachodes* est à peu près de la même taille . Son goût n'est généralement pas considéré comme celui *d'A. procerus* . Mme Hussey, cependant, dit clairement : « Si *Agaricus procerus* est le roi des champignons comestibles, *Agaricus rachodes* est un excellent vice-roi. » L'autre est l' *Agaricus excoriatus* , un champignon beaucoup plus petit, avec un port plus élancé, une tige plus courte et pas de véritable bulbe à la base. Ce petit champignon élégant est également très bon à manger.

L'agaric parasol a une très large gamme de croissance. C'est un champignon commun et très *demandé sur tout le continent* .

Opinions sur les mérites d'Agaricus procerus en tant que champignon comestible. — « Un champignon des plus excellents, d'une saveur délicate, et il doit être considéré comme une espèce des plus utiles. » — *Le révérend MJ Berkeley.*

« Si ses excellentes qualités étaient mieux connues ici, elles ne pourraient manquer de lui assurer un accueil général dans nos meilleures cuisines et une place fréquente parmi nos plats d'accompagnement à table. » — *Dr Badham.*

"Si une fois essayé, cela doit plaire aux plus exigeants." - *Worthington G. Smith.*

Il ne fait aucun doute que, lorsqu'il est jeune et à croissance rapide, l'agaric parasol est un champignon délicieux. Il a une saveur légère et délicate sans la richesse lourde qui appartient au champignon des champs ordinaire. L'écrivain a convaincu de nombreuses personnes de l'essayer ; tous sans exception l'ont apprécié, beaucoup l'ont pensé tout à fait égal, et certains l'ont proclamé supérieur au champignon commun.

Modes de cuisson de l'Agaricus procerus. — *Procerus grillé.* — Retirez les écailles et les tiges des agarics et faites-les griller légèrement sur un feu clair des deux côtés pendant quelques minutes ; disposez-les sur un plat sur des toasts fraîchement préparés et bien divisés ; saupoudrer de poivre et de sel, et mettre un petit morceau de beurre sur chacun ; mettre devant un feu vif pour faire fondre le beurre et servir rapidement.

Si le propriétaire du chalet faisait griller son bacon sur les champignons grillés, le beurre serait conservé.

Agarics délicatement mijotés. — Retirez les tiges et les écailles des jeunes agarics à moitié cultivés, et jetez chacun d'eux au fur et à mesure dans une bassine d'eau fraîche légèrement acidulée avec le jus d'un citron ou un peu de bon vinaigre. Quand tout est prêt, retirez-les de l'eau et mettez-les dans une cocotte avec un tout petit morceau de beurre frais. Saupoudrer de poivre blanc et de sel et ajouter un peu de jus de citron ; couvrez bien et laissez mijoter pendant une demi-heure. Ajoutez ensuite une cuillerée de farine, avec suffisamment de crème, ou de crème et de lait, jusqu'à ce que le tout ait l'épaisseur d'une crème. Assaisonner selon votre goût et laisser mijoter à nouveau doucement jusqu'à ce que les agarics soient parfaitement tendres. Retirez tout le beurre de la surface et servez dans un plat chaud, garni de tranches de citron.

Un peu de macis, de muscade ou de ketchup peut être ajouté ; mais il y a ceux qui pensent que les épices gâchent la saveur des champignons.

Tarte Procerus du chalet. — Coupez les agarics frais en petits morceaux et recouvrez le fond d'un plat à tarte. Poivrez, salez et disposez-les sur des petits lamelles de lard frais, puis déposez une couche de purée de pommes de terre, et remplissez ainsi le plat, couche par couche, d'une couverture de purée de pommes de terre pour la croûte. Bien cuire au four pendant une demi-heure et faire dorer avant un feu rapide.

A la provençale. — « Faites macérer deux heures dans du sel, du poivre et un peu d'ail ; puis mélangez dans une petite casserole sur un feu vif, avec du persil haché et un peu de jus de citron. » – *Dr Badham.*

Ketchup agarique. — Placez les agarics du plus gros calibre que vous pourrez vous procurer, mais qui ne soient pas véreux, couche par couche, dans une casserole profonde, en saupoudrant chaque couche au fur et à mesure qu'on l'y met d'un peu de sel. Le lendemain, remuez-les bien plusieurs fois, de manière à écraser et extraire leur jus. Le troisième jour, filtrez la liqueur, mesurez et faites bouillir pendant dix minutes, puis à chaque pinte de liqueur, ajoutez une demi-once de poivre noir, un quart d'once de racine de gingembre écrasée, une lame de macis, un un ou deux clous de girofle et une cuillerée à thé de graines de moutarde. Faire bouillir à nouveau pendant une demi-heure ; mettre deux ou trois feuilles de laurier et réserver jusqu'à ce qu'il soit bien froid. Passer au tamis et mettre en bouteille; bien boucher et tremper les extrémités dans la résine. Un très peu de vinaigre de Chili est une amélioration, et certains ajoutent un verre de porto ou un verre de bière forte à chaque bouteille.

Il faut veiller à ce que l'épice ne soit pas ajoutée en abondance au point de dominer la véritable saveur de l'agaric. Un cuisinier attentif gardera un peu de la simple liqueur bouillie pour se prémunir contre ce danger : un bon cuisinier l'évitera toujours. "Les médecins pèsent leurs affaires", a déclaré un cuisinier de la capitale, "mais moi, je le fais selon mes goûts". Mais alors, comme les poètes, les bons cuisiniers de cet ordre doivent naître ainsi ; ils ne doivent pas être faits.

Coprinus comatus (l'agaric à crinière).

Chapeau cylindrique, obtus, campanulé, charnu au centre, mais très fin vers le bord. La surface externe se déchira bientôt en écailles laineuses, à l'exception d'un capuchon au sommet. *Branchies* libres, linéaires et encombrées. Assez blanche dans sa jeunesse, devenant rose, sépia, puis noire, à partir de la marge vers le haut. Ils se dilatent ensuite rapidement, s'enroulent en lambeaux et se dissolvent en un fluide d'encre noire qui tache le sol. *Tige* d'un blanc pur, de quatre à cinq pouces de haut, se contractant au sommet et bulbeuse à la base ; creux, fibrilleux, bourré d'une légère toile cotonneuse. Le bulbe est solide et enracinant, l'anneau est mobile.

Fig. 32. *Coprinus comatus* (champignon à crinière). Pâturages, parcs et bords de routes, été et automne ; couleur, blanc neige ; hauteur, 5 à 12 pouces.

Cet agaric très élégant a aussi été appelé *Ag. cylindricus* , Schœff ; *Ag. typhoïde* , Bull; et *Ag. fimétarius* , Bolt. Il est courant tout au long des mois d'été et d'automne, au bord des routes, dans les pâturages et dans les terrains vagues. Sa taille est extrêmement variable. Son aspect général est si distinct et frappant qu'il ne peut être confondu avec aucun autre agaric. Il pousse si abondamment sur les terrains vagues des habitations et des cours de ferme qu'on peut, dit le Dr Bull, l'appeler « l'agaric de la civilisation » ; et pour ces deux raisons, il est très précieux comme agaric comestible. Si ses mérites étaient connus, il serait consommé aussi librement que le champignon commun des champs.

« Les champignons à crinière, a bien dit Miss Plues, poussent en grappes denses, chaque jeune plant étant comme un œuf atténué, blanc et lisse. Actuellement, certains dépassent les autres en rapidité de croissance, et leurs têtes s'élèvent au-dessus du sol, la tige s'allonge rapidement, l'anneau tombe lâchement autour de la tige, le bord du chapeau s'élargit et la tête ovale prend la forme d'une cloche ; puis une légère teinte brune s'étend universellement ou par taches sur la partie supérieure du chapeau, et la blancheur de ses branchies se change en un rose terne. Encore quelques heures et la tête paire du chapeau s'est fendue en une douzaine d'endroits, les sections se recourbent, se fondent de toute forme en un fluide d'encre, et à l'aube du lendemain il ne restera plus qu'une tache noire sur le sol. Et ainsi de suite avec les autres successivement.

Opinions sur les mérites de Coprinus comatus en tant que champignon comestible. —« Esculent quand il est jeune. » — *Berkeley.*

"Les jeunes spécimens doivent être sélectionnés." - *Badham.*

"Pas de plat méprisable, mais peut-être pas tout à fait égal au champignon commun." - *MC Cooke.*

« Si j'avais le choix, je pense qu'il n'y a aucune espèce que je préférerais à celle-ci : elle est singulièrement riche, tendre et délicieuse. » — *Worthington G. Smith.*

Le Dr M'Cullough, le Dr Chapman, Elmes Y. Steele, Esq., et quelques autres membres du Woolhope Club, considèrent l'opinion de MWG Smith comme le résultat d'une expérience considérable. Il faut cependant noter que trop jeune, cet agaric est plutôt déficient en saveur, et ses fibres sont tenaces. Sa saveur est la plus riche et sa texture la plus délicate lorsque les branchies présentent une couleur rose avec des marges sépia.

Modes de cuisson du Coprinus comatus. — La méthode la meilleure et la plus simple consiste à le faire griller et à le servir sur des toasts de la manière habituelle. Il peut également être ajouté avec beaucoup d'avantages aux steaks et aux plats préparés, pour donner de la saveur et de la sauce.

Soupe Comatus. — Prenez deux litres de bouillon blanc et mettez-y une grande assiette d'agaric à crinière grossièrement éclatée ; laisser mijoter jusqu'à tendreté; passer la pulpe au tamis fin; ajoutez du poivre et du sel au goût; faire bouillir et servir chaud. Deux ou trois cuillerées à table de crème seront une grande amélioration.

Les agarics de cette soupe doivent être jeunes, afin de garder leur couleur claire et bonne. L'agaric à crinière est recommandé de tous côtés pour faire du ketchup, mais ici aussi, il faut l'utiliser rapidement et le ketchup rapidement préparé.

Agaricus gambosus (le vrai champignon de Saint-Georges).

Chapeau épais et charnu, d'abord convexe, souvent lobé, devenant ondulé et irrégulier, s'étendant inégalement ; le bord plus ou moins involuté, et d'abord floculeux ; de trois à quatre pouces de diamètre ; de couleur jaune clair au centre, passant au blanc presque opaque sur les bords ; il est doux au toucher

; plus ou moins tuberculées, et présentant souvent des fissures. *Branchies* blanc jaunâtre, aqueuses, étroites, marginales, annexées à la tige par une petite dent : elles sont très nombreuses et irrégulières, avec de nombreuses plus petites intercalées, « superposées comme les tresses d'une collerette » (de 5 à 11). , Vittadini). *Tige* ferme, solide et blanche, renflée à la base chez les jeunes spécimens ; mais chez les plus vieilles, bien que généralement bombées, elles sont souvent de taille égale, et lorsqu'elles se trouvent dans des herbes hautes, elles s'effilent même parfois vers le bas. Cet agaric est généralement presque blanc, lisse, doux et ferme, comme du cuir de chevreau au toucher, et, comme l'a dit avec bonheur Berkeley, "en apparence, il ressemble beaucoup à un biscuit craquelin".

Ils poussent en anneaux ; ont une forte odeur et apparaissent vers la Saint-Georges (23 avril), après les pluies qui tombent habituellement vers la troisième semaine d'avril. Ils continuent à apparaître pendant trois ou quatre semaines, selon les particularités de la saison. On les trouve généralement dans les pâturages vallonnés des régions boisées.

Le champignon de Saint-Georges ne peut être confondu avec aucun autre. Le fait de son apparition à cette première saison et de sa croissance si libre en anneaux, alors que l'on trouve si peu d'autres champignons, suffit presque à le distinguer. Il a cependant en lui-même des caractères très distinctifs dans l'épaisseur de son chapeau ; l'étroitesse de ses branchies, qui sont très serrées les unes contre les autres ; et la tige solide et bombée.

Fig. 33. *Agaricus gambosus* (champignon de Saint-Georges). Pâturages, *au printemps* ; couleur, crème; diamètre, 4 à 6 pouces.

Le champignon de Saint-Georges n'est pas un agaric rare dans ce pays, et là où il apparaît, il est généralement abondant : un seul anneau permet généralement un bon panier plein. Il faut le cueillir lorsqu'il est jeune, sinon on le trouvera mangé par les larves, car aucun champignon n'est attaqué plus rapidement et avec plus de voracité par les insectes que celui-ci.

Opinions sur les mérites d'Agaricus gambosus en tant que champignon comestible. — « Cet agaric rare et très délicieux, le *mouceron* de Bulliard et l'*Agaricus prunulus* d'autres auteurs, abonde sur les collines au-dessus de la vallée de Staffora, près de Bobbio, où il s'appelle *Spinaroli* , et est très demandé ; les gens des campagnes le mangent frais de diverses manières, ou bien ils le sèchent et le vendent de douze à seize francs la livre. » — *Lettre du professeur Balbi à Persoon.*

« Le champignon le plus savoureux que je connaisse... et qui est à juste titre considéré sur presque tout le continent européen comme le *nec plus ultra* de la friandise culinaire.

« Le *prunulus* (*gambosus*) est très prisé sur le marché romain, où il rapporte facilement, lorsqu'il est frais, trente baiocchi, *c'est-à-dire* quinze deniers la livre, une somme importante pour tout luxe à Rome. Il est envoyé dans de petits paniers comme cadeaux aux clients, honoraires aux médecins et pots-de-vin aux avocats romains. » – *Dr Badham.*

L' *Agaricus gambosus* « est un animal sur lequel personne ne peut se tromper. Il atteint parfois une grande taille, a un goût excellent et est particulièrement sain. » – *Révérend MJ Berkeley.*

Mode de cuisson Agaricus gambosus. — « Le meilleur mode de cuisson *de l'Agaricus gambosus* est soit de le hacher ou de le fricasser avec n'importe quelle sorte de viande, soit dans un *vol-au-vent* , dont il améliore grandement la saveur ; ou simplement préparé avec du sel, du poivre et un petit morceau de bacon, de saindoux ou de beurre, pour éviter de brûler, il constitue à lui seul un excellent plat. » — *Dr Badham.* « Servi avec une sauce blanche, c'est un ingrédient essentiel du rôti de veau. » - *Edwin Lees.* Il peut être grillé, mijoté ou cuit au four.

Agaric du petit déjeuner. — Disposez sur un plat des toasts fraîchement préparés, bien divisés, et déposez dessus les agarics ; poivrez, salez et mettez un petit morceau de beurre sur chacun ; puis versez sur chacun une cuillerée à thé de lait ou de crème, et ajoutez une seule gousse à l'ensemble du plat. Placez une cloche ou un bassin renversé sur le tout ; faites cuire vingt minutes et servez sans retirer le verre jusqu'à la table, afin de conserver la chaleur et l'arôme qui, en soulevant le couvercle, se diffuseront dans la pièce. Il sèche très facilement lorsqu'il est divisé en morceaux et conserve l'essentiel de son excellence. Quelques morceaux ajoutés aux soupes, aux sauces ou aux plats préparés donnent une saveur délicieuse.

Agaricus rubescens (agaric verruqueux brun).

Fig. 34. *Agaricus rubescens* (champignon à chair rouge). Bois, été et automne ; couleur, brun sienne; diamètre, 4 à 10 pouces.

Chapeau convexe puis élargi, cuticule brune, parsemée de verrues de tailles variables. Marge striée. *Branchies* blanches, atteignant la tige et formant dessus de très fines lignes décurrentes. *Anneau* entier, large et marqué de stries. *Tige* souvent écailleuse, bourrée, devenant creuse ; quand il est vieux, bulbeux. Volva effacée. La plante entière a tendance à prendre une couleur rouge sienne ou rouille. Ceci apparaît très distinctement peu de temps après avoir été meurtri.

C'est très courant tout au long des mois d'été et d'automne ; en effet, l'un des champignons les plus abondants ; « et c'est une de ces espèces qu'une personne dotée du moindre pouvoir de discrimination peut distinguer avec précision des autres. » – *Badham.*

Opinions sur les mérites d'Agaricus rubescens en tant que champignon comestible. — « Un champignon très délicat, qui pousse en abondance suffisante pour lui donner une importance au point de vue culinaire. » — *Badham.*

« Grâce à une longue expérience, je peux garantir qu'il est non seulement sain, mais, comme le dit le Dr Badham, « un champignon très délicat ». » — *F. Currey*, rédacteur en chef de « Esculent Fungus » du Dr Badham.

Modes de cuisson de l'Agaricus rubescens. — Il peut être grillé, bouilli ou cuit à l'étouffée de la manière ordinaire.

Rubescens frits. —Placez les agarics adultes dans l'eau pendant dix minutes, puis égouttez-les et, après avoir enlevé la peau verruqueuse, faites-les frire avec du beurre, du poivre et du sel. Le ketchup à base d'*Agaricus rubescens* est riche et bon. « Comme il pousse librement et atteint une taille considérable, il convient très bien à cet usage, la quantité étant un grand critère dans la fabrication du ketchup. » - *Plues.*

Agaricus nebularis (Champignon assombri).

Fig. 35. Agaricus nebularis (champignon assombri). Lieux boisés, en automne ; couleur crème, avec dessus couleur ardoise ; diamètre, 4 à 10 pouces.

« *Chapeau* de deux pouces et demi à cinq pouces de diamètre ; d'abord dépresso-convexe ; une fois déployé, presque plat ou largement subombonné ; jamais déprimé; marge en première développante et pruineuse ; parfois quelque peu ondulé et lobé, mais généralement de forme régulière ; lisse, visqueux lorsqu'il est humide, de sorte que les feuilles mortes y adhèrent ; gris, brun au centre, plus pâle vers la circonférence. *Chair* épaisse, blanche, immuable. *Branchies* crème, étroites, décurrentes, fermées, à bords ondulés, inégaux, généralement simples. *Tige* de deux à quatre pouces de long, d'un quart de pouce à un pouce d'épaisseur ; incurvé à la base ; ne s'enracinant pas, mais attachant au moyen d'un duvet autour de sa partie inférieure et sur un tiers de sa longueur, une grande quantité de feuilles mortes, par lesquelles la plante est maintenue dressée ; subégale, plus ou moins marquée de piqûres longitudinales, fermes extérieurement, intérieurement d'une substance plus molle. L' *odeur* est forte, comme celle du fromage blanc. » – *Badham*.

« Commun dans certains endroits, mais très rare près de Londres. Cette espèce apparaît tard en automne sur les feuilles mortes dans les endroits humides, principalement en lisière des bois. Les excellences gastronomiques de cette espèce sont bien connues. Une fois récolté, il dégage une odeur saine et puissante ; et une fois cuite, la chair ferme et parfumée a un goût particulièrement agréable et savoureux. » — *WG Smith*.

« L' *Agaricus nebularis* ne nécessite que peu de cuisson ; quelques minutes de grillage (*à la* Maintenon est préférable), avec du beurre, du poivre et du sel, suffisent. Il peut également être délicatement frit avec de la chapelure ou mijoté dans une sauce blanche. La chair de ce champignon est peut-être plus légère à digérer que celle de tout autre. » – *Badham*.

Lactarius deliciosus (champignon au lait d'orange).

Fig. 36. *Lactarius deliciosus* (champignon au lait d'orange). Sous les sapins, en automne ; couleur, brun-orange; lait d'abord orange, puis vert ; diamètre, 3 à 10 pouces.

Chapeau lisse, charnu, ombiliqué, d'un orange roux terne, devenant pâle à cause de l'exposition à la lumière et à l'air, mais zoné de cercles concentriques d'une teinte plus brillante ; marge lisse, d'abord en développante, puis s'élargissant ; de trois à cinq pouces de diamètre. Chair ferme, pleine de lait rouge orangé, qui devient verte à l'exposition à l'air, comme toute partie de la plante lorsqu'on la froisse. *Branchies* décurrentes, étroites, se divisant chacune en deux, trois fois plusieurs fois depuis la tige jusqu'au bord du chapeau ; d'un jaune terne par la lumière réfléchie, mais étant translucide, le lait rouge brille à travers eux. *Tige* d'un à trois pouces de haut, légèrement courbée et effilée vers le bas ; solide, devenant plus ou moins creux avec l'âge ; poils courts à la base ; parfois piqué (scrobiculé).

Il n'y a aucune possibilité de se tromper sur ce champignon. C'est le seul qui a *du lait rouge orangé* , et qui *vire au vert lorsqu'on le froisse* . Ces propriétés le distinguent immédiatement du *Lactarius torminosus* ou *necator* , le seul champignon qui lui ressemble en quelque sorte.

Ce champignon âcre (*Lactarius torminosus*) a une forme et une taille quelque peu similaires et est également zoné. Mais les bords involutés du chapeau sont barbus de poils serrés. Il est d'une couleur beaucoup plus pâle et avec des branchies d'un blanc sale. Le lait également est blanc, âcre et de couleur immuable.

L'agaric au lait d'orange affecte principalement le sapin d'Ecosse et se trouve généralement sous le goutte-à-goutte des branches autour de l'arbre. On le trouve également occasionnellement dans les haies, mais il est plus abondant dans les plantations de sapin sylvestre ou de mélèze.

Opinions sur les mérites de Lactarius deliciosus en tant que champignon comestible. — « C'est l'un des meilleurs agarics que je connaisse, méritant pleinement à la fois son nom et l'estime dans laquelle on le tient à l'étranger, il me rappelle les tendres rognons d'agneau. » — *Dr Badham.*

« Manger très succulent, plein de sauce riche, avec un peu de saveur de moules. » – *Sowerby.*

« Faites-les bien cuire, et vous aurez quelque chose de meilleur que les rognons, auxquels ils ressemblent beaucoup tant par leur saveur que par leur consistance. » — *Mme Hussey.*

Modes de cuisson Lactarius deliciosus. — « La riche sauce qu'il produit est sa principale caractéristique, et c'est pourquoi il se recommande pour préparer une riche sauce ou comme ingrédient dans des soupes. Il nécessite une cuisson délicate, car, bien que charnu, il devient coriace s'il est maintenu sur le feu jusqu'à ce que tout le jus soit exsudé. La cuisson est peut-être le meilleur processus pour que cet agaric puisse passer. Il doit être habillé lorsqu'il est frais et pulpeux. »- *Edwin Lees.*

Déliciosus mijoté. — « Le mode de cuisson de la *tourtière* (ou plat à tarte) convient le mieux *à Lactarius deliciosus* , car sa substance est ferme et croustillante. Attention à n'utiliser que des spécimens sains. Réduisez-les en les coupant en une seule masse uniforme. Disposez les morceaux dans un plat à tarte, avec un peu de poivre et de sel, et un petit morceau de beurre de chaque côté de chaque tranche. Nouez un papier sur le plat et enfournez doucement pendant trois quarts d'heure. Servez-les dans le même plat chaud. » – *Mme Hussey.*

Tarte délicieuse. — Poivrez et salez les tranches d'agaric, et disposez-les en couches avec de fines tranches de lard frais, jusqu'à ce qu'un petit plat à tarte soit plein ; recouvrir d'une croûte de pâte ou de purée de pommes de terre, et enfourner doucement pendant trois quarts d'heure. S'il s'agit d'une croûte de pomme de terre, faites-la bien dorer avant un feu rapide.

Pudding délicieux. —Coupez l'agaric en petits morceaux ; ajoutez des morceaux similaires de bacon, du poivre et du sel, ainsi qu'un peu d'ail ou d'épices ; entourer de croûte et faire bouillir trois quarts d'heure.

Délicieux frit. —Faire frire en tranches, bien assaisonnées de beurre ou de bacon et de sauce ; et servir chaud avec des bouchées de pain grillé. Un steak en plus est une grande amélioration.

Morchella esculenta (la Morille).

Tout le monde connaît le Morel, ce luxe coûteux dont les riches se contentent de se procurer à grands frais dans nos entrepôts italiens, et dont les pauvres se passent volontiers. On sait moins généralement que ce champignon, bien qu'en aucun cas aussi commun chez nous que d'autres (une circonstance imputable en partie à l'ignorance dominante quant à savoir quand et où le chercher, ou même à savoir qu'il est indigène en Angleterre), se produit il arrive souvent dans nos vergers et nos bois, vers le début de l'été. Roques rapporte favorablement quelques spécimens que lui envoya le duc d'Athol ; et d'autres, de différentes régions du pays, se retrouvent occasionnellement au marché de Covent Garden. Le genre *Morchella* comprend très peu d'espèces et elles sont toutes bonnes à manger. Persoon remarque que, bien que le Morel apparaisse rarement dans un sol sablonneux, préférant un sol calcaire ou argileux, il surgit fréquemment sur des sites où du charbon de bois a été brûlé ou où des cendres ont été jetées.

Fig. 37. *Morchella esculenta* (la morille). Woods, etc., au printemps ; couleur chamois pâle; hauteur, 3 à 5 pouces.

Chapeau très varié de forme et de teinte, la surface divisée en très petites cellules, formées par des plis ou des tresses de l'hyménium, plus ou moins saillantes, et constituent ce qu'on appelle les côtes. Ces *côtes* sont très irrégulières et s'anastomosent partout les unes avec les autres ; le chapeau creux, s'ouvrant sur la tige irrégulière. *Spores* jaune pâle. Aucun de ces champignons ne doit être récolté après la pluie, car ils sont alors insipides et se gâtent rapidement.

« M. Roques dit que la morille peut être habillée de diverses manières, fraîches ou sèches, avec du beurre ou de l'huile, *au gras* ou *à la crème* . Les recettes suivantes pour les cuisiner proviennent de Persoon. 1er. Après les avoir lavés et nettoyés de la terre qui peut s'accumuler entre les tresses, séchez-les soigneusement dans une serviette et mettez-les dans une casserole avec du poivre, du sel et du persil, en ajoutant ou non un morceau de jambon ; laisser mijoter pendant une heure, en versant de temps en temps un peu de bouillon pour éviter de brûler ; une fois suffisamment cuit, lier avec le jaune de deux ou trois œufs et servir sur des toasts beurrés. 2ème. *Morelles à l'Italienne.* — Après les avoir lavés et séchés, répartissez-les en travers, mettez-les sur le feu avec du persil, de l'oignon vert, du cerfeuil, de la pimprenelle, de l'estragon, de la ciboulette, un peu de sel et deux cuillerées d'huile fine. Faites cuire jusqu'à épuisement du jus, puis épaississez avec un peu de farine ; servir avec de la chapelure et un filet de citron. 3ème. *Morilles farcies.* — Choisissez les morilles les plus fraîches et les plus blanches, ouvrez la tige par le bas, lavez-les et essuyez-les bien, remplissez-les de farce de veau, d'anchois ou de toute *farce riche* que vous voudrez, en fixant les extrémités et en assaisonnant entre de fines tranches de lard ; servir avec une sauce comme la précédente. » — *Badham.*

Hygrophorus pratensis.

« *Chapeau* convexo-plan, puis corné, lisse, humide ; disque compact, gibbeux ; marge fine ; *tige* bourrée, régulière, atténuée vers le bas ; *branchies* profondément décurrentes, arquées, épaisses, distantes. »— *Grev. t. 91 ; Huss. II. t. 40.*

Figure 38 (1). *Hygrophorus pratensis*. Pâturages, en automne ; couleur, chamois complet; diamètre, 2 à 3 pouces.

Figure 38 (2). *Hygrophorus virgineus* (champignon blanc visqueux). Pâturages, en automne ; Blanc comme neige; diamètre, ½ pouce à 1½ pouces.

« Dans les bas-fonds et les pâturages courts. Très commun. *Chapeau* fauve ou chamois foncé, parfois presque blanc, comme le suivant. Probablement esculent. » — *Berkeley*.

Hygrophorus virgineus (champignon blanc visqueux).

« *Chapeau* charnu, convexo-plan, obtus, humide, longuement aréolato-rimeux ; *tige* farcie, ferme, courte, atténuée à la base ; *branchies* décurrentes, distantes, plutôt épaisses. »- *Grev. t. 166*. « Dans les bas-fonds et les pâturages courts. Extrêmement courant. Surtout blanc ivoire pur. » – *Berkeley*.

Cette espèce, d'une forme et d'une saveur exquises, est l'un des plus jolis ornements de nos pelouses, de nos bas et de nos pâturages courts à l'automne de l'année. Dans ces situations, on peut le trouver dans toutes les parties du royaume. Il est essentiellement *cireux* et ressemble exactement à la cire vierge la plus pure. La tige est ferme, bourrée et atténuée, et les branchies singulièrement éloignées les unes des autres ; il change un peu de couleur en vieillissant, et devient alors impropre à l'usage culinaire.

Un lot de spécimens frais, grillés ou mijotés avec goût et soin, se révélera agréable, succulent et savoureux, et peut parfois être obtenu lorsque d'autres espèces ne sont pas disponibles.

« Plusieurs espèces alliées jouissent de la réputation d'être esculentes, notamment *H. niveus* ; et mon ami M. FC Penrose a mangé et parle favorablement de *H. psittacinus* — une espèce jaune très ornementale, avec une tige verte, parfois assez commune dans les riches pâturages (et *considérée* comme très suspecte). » — *WG Smith*.

Cantharellus cibarius (Chantarelle).

39. *Cantharellus cibarius* (Chantarelle). Bois, automne ; jaune doré riche;
diamètre, 2 à 4 pouces.

Lorsqu'elle est jeune, sa *tige* est dure, blanche et solide ; mais à mesure qu'il grandit, il devient creux et devient bientôt jaune ; en s'amenuisant vers le bas, il s'épanche dans la substance du *chapeau* , qui est de la même couleur que lui. Le *chapeau* est lobé et de forme irrégulière ; sa marge est d'abord profondément involutée, puis, une fois élargie, ondulée. Les *nervures* ou tresses sont épaisses, subdistinctes, très sinueuses et s'étendent le long de la tige. La *chair* est blanche, fibreuse, dense, « ayant l'odeur d'abricots » (*Purton*) ou de « prunes » (*Vitt.*). « La *couleur* jaune, comme celle du jaune d'œuf, est plus profonde à la surface inférieure ; cru, il a le goût piquant du poivre : les *spores* , elliptiques, sont de couleur ocre pâle. (*Vitt.*) La Chantarelle pousse tantôt de manière sporadique, tantôt en cercles ou segments de cercle, et peut être trouvée de juin à octobre. Il prend d'abord la forme d'un minuscule cône : ensuite, par suite de l'enroulement du bord, le chapeau est presque sphérique, mais à mesure que celui-ci se déploie, il devient hémisphérique, puis plat, enfin irrégulier et déprimé.

"Ce champignon", observe Vittadini, "étant de nature plutôt sèche et coriace, nécessite une quantité considérable de sauce fluide pour être bien cuit". « Les gens ordinaires en Italie le sèchent, le conservent en conserve dans de l'huile pour l'hiver. La meilleure façon de l'habiller Chantarelleest peut-être de le faire mijoter ou de le hacher seul, ou de le combiner avec de la viande ou avec d'autres champignons. Il faut le cuire doucement et longtemps pour le rendre tendre ; mais en le trempant dans du lait la veille, il faudra moins de cuisson. » – *Badham.*

Hydnum repandum (hérisson ou champignon porteur d'épines).

Fig. 40. *Hydnum repandum* (champignon porteur d'épine). Bois, automne ; couleur chamois pâle; diamètre, 2 à 5 pouces.

Chapeau lisse, de forme irrégulière, déprimé au centre, plus ou moins lobé, et généralement placé irrégulièrement sur la tige (excentrique) ; de couleur chamois pâle ou cannelle; de deux à cinq pouces de diamètre. Chair ferme et blanche ; lorsqu'il est meurtri, il devient légèrement brun. *Épines* serrées, en forme de poinçon, obliques, molles et cassantes, de taille et de longueur variables, et d'une légère teinte cannelle. *Tige* blanche, courte, solide, tordue et souvent latérale.

Il n'y a aucune possibilité de se tromper sur le champignon hérisson : une fois vu, il faut toujours s'en souvenir. Ses épines en forme de poinçon sont regroupées sous le chapeau ; sa taille et sa couleur sont les plus marquées ; sa couleur ressemble beaucoup, comme on l'a dit, à un biscuit craquelin légèrement cuit.

« Ce champignon se rencontre principalement dans les bois, et surtout dans ceux de pins et de chênes ; parfois solitaire, mais plus fréquemment en compagnie et en cercles. » – *Badham*.

Opinions sur les mérites de Hydnum repandum en tant que champignon comestible. — « L'usage généralisé de ce champignon dans toute la France, l'Italie et l'Allemagne ne laisse aucun doute sur ses bonnes qualités. » — *Roques*.

« Bien mijoté, c'est un excellent plat, avec un léger goût d'huître. Cela fait aussi une très bonne purée.— *Dr Badham*.

« Un champignon des plus excellents, mais il nécessite un peu de prudence lors de la préparation de la table. Il doit être préalablement trempé dans de l'eau chaude et bien égoutté dans un torchon ; auquel cas il n'existe certainement pas de champignon plus excellent. » — *Berkeley*.

« Un champignon sain et à ne pas mépriser ; mais pas de première classe quant à la saveur, nécessitant l'aide de condiments. Il a cependant l'avantage de pousser plus tard que la plupart des champignons et peut être trouvé jusqu'à la mi-novembre. » – *Edwin Lees*.

« L'un des champignons les plus excellents qui poussent ; sa saveur ressemble très fortement à celle des huîtres. » — *Le révérend W. Houghton*.

Modes de cuisson Hydnum repandum. —Le champignon hérisson a une structure dense et, quelle que soit la manière dont il peut être cuit, toutes les autorités s'accordent sur le fait qu'il doit être cuit lentement à basse température jusqu'à ce qu'il soit tendre, et avec beaucoup de bouillon ou de sauce blanche pour combler son manque d'humidité. .

Hydnum cuit. — « Coupez les champignons en morceaux et faites-les tremper vingt minutes dans l'eau tiède ; puis placez-le dans une poêle avec du beurre, du poivre, du sel et du persil ; ajoutez du bœuf ou une autre sauce et laissez mijoter pendant une heure . *de M. Roques*.

« Ragoût dans une sauce brune ou blanche. » - *Mme Hussey*.

"Coupez-le en morceaux de la taille d'un haricot et faites-le mijoter dans une sauce blanche, alors qu'il passera presque pour une sauce d'huître." - *Le révérend W. Houghton, FLS*

Agaricus orcella (Orgelle ou Ris de Légumes).

Chapeau mince, irrégulier, déprimé au centre, lobé, à bords ondulés, de deux à trois pouces de diamètre. De couleur blanc clair, parfois teinté de brun pâle sur ses proéminences, et parfois avec un centre gris voire légèrement zoné de gris. Sa surface est douce et lisse au toucher, sauf par temps humide, où elle devient molle et collante. La chair est molle, incolore et immuable. *Branchies* bondées, décurrentes, d'abord presque blanches, puis gris rosé, prenant enfin une teinte brun clair. Spores brun pâle. *Tige* lisse, solide, courte, de taille décroissante ; central lorsqu'il est jeune, mais devenant excentrique à cause du chapeau qui croît irrégulièrement. *Odeur* agréable, généralement comparée à celle d'un repas frais, mais le Dr Badham et d'autres pensent qu'elle ressemble plus à l'odeur du concombre ou de la feuille de seringa.

Fig. 41. (1) *Agaricus orcella* et (2) *Agaricus prunulus* (champignon prune). Lieux boisés, en automne ; couleur blanc neige, avec des branchies rose pâle ; diamètre, 2 à 4 pouces.

Agaricus prunulus (champignon prune).

Chapeau charnu, compact, d'abord convexe, puis élargi, devenant déprimé au centre, irrégulièrement ondulé et légèrement pruineux ; de deux à cinq pouces de large ; surface sèche, molle, blanche ou parfois grise. La chair épaisse, blanche et immuable. *Branchies* bondées, profondément décurrentes, d'abord blanches, puis de couleur chair pâle et terne, ou brun jaunâtre. Spores brun pâle. *Tige* blanche, solide, ferme, légèrement ventricieuse, longue d'un pouce ou plus et d'un demi-pouce d'épaisseur ; nues, souvent striées et villeuses à la base ; souvent excentrique. *Odeur* semblable à celle d'un repas nouveau, mais généralement trop forte pour être agréable.

Il y a eu une confusion considérable, écrit le Dr Bull, entre les deux Agarics *orcella* et *prunulus* ; certains pensent que nous n'avons *qu'orcella* en Angleterre (*Dr Badham*) ; et d'autres seulement *prunulus* (le *révérend MJ Berkeley*), et d'autres encore qu'il s'agit tous deux du même champignon, ne différant que par la taille. Le Dr Badham et quelques autres confondent encore *le prunulus* avec *le gambosus* , le champignon du début du printemps, et cela vient du fait que le terme français *mousseron* est souvent appliqué à ces deux champignons ; mais ils sont si essentiellement différents qu'ils ne peuvent en aucune façon être confondus l'un avec l'autre. *Agaricus orcella* et *A. prunulus* sont tous deux placés sur la même page dans l' <u>illustration</u> , de sorte que leur étroite alliance puisse être vue d'un seul coup d'œil. Fries les traite comme des champignons distincts, « par respect pour l'autorité ancienne, puisque leurs différences résident principalement dans le degré ». Ces différences sont néanmoins si marquées qu'elles sont ici séparées. *Orcella* est un champignon plus petit et plus délicat que *le prunulus* . Il est plus fin et moins charnu, plus ondulé dans ses bords et possède une odeur plus légère et plus agréable. *Orcella* pousse dans des clairières plus ouvertes que *prunulus* ; il est généralement de couleur beaucoup plus blanche, parfois dans des situations élevées blanc et vernissé comme une coquille d'œuf, ou même de la poterie. *Orcella* pousse plus solitaire que *prunulus* , en groupes légers et dispersés, montrant une inclination pour le voisinage des chênes, et là où il pousse, on peut le trouver année après année au même endroit, mais rarement plus de deux ou trois dans un place. L'année dernière, en 1869, alors que *l'orcella* était assez abondante, *le prunulus* ne se trouvait pas dans les situations où il pousse habituellement le plus abondamment. *Prunulus* est le contraire de tout cela. Il préfère les endroits plus ombragés, est plus grand, plus charnu, et avec une odeur forte plutôt lourde et envahissante. Il pousse en plus grande quantité ensemble, et il n'est pas rare qu'il forme des anneaux serrés de quatre à six pieds de diamètre.

En tant que champignons comestibles, ils doivent certainement rester distincts. *L'Orcella* est légère et agréable en odeur, excellente en saveur : elle est si tendre et délicate qu'on l'appelle, à juste titre, « ris de légumes ». Au contraire, *le prunulus* , bien que toujours bon, est pour beaucoup de gens trop odorant et plus grossier en goût.

Opinions sur les mérites d'Agaricus orcella et d'A. prunulus. — « Un champignon très délicat. » — *Dr Badham.* « La saveur de *l'orcelle* est très délicate et égale à celle des champignons, ou plutôt supérieure à la majorité. Les mêmes remarques s'appliquent au *prunulus* , ce qui, je pense, est la même chose. Il appartient au premier rang des champignons comestibles. » – *Edwin Lees.*

Modes de cuisson Agaricus orcella et Agaricus prunulus. — L'Orcella étant généralement trouvée en petites quantités, elle est peut-être meilleure lorsqu'elle est grillée et servie sur des toasts chauds. *Prunulus* donnera une abondance pour griller ou ragoût, ou les deux. « *L'Orcella* doit être consommée le jour où elle est cueillie, soit cuite, grillée ou frite avec de l'œuf et de la chapelure comme des escalopes. » — *Dr Badham.* « Quelle que soit la manière dont elle est préparée, elle est excellente ; la chair est ferme et juteuse, et pleine de saveur, et qu'elle soit grillée ou cuite, c'est un morceau des plus délicieux. »- *Worthington G. Smith.* « *Orcella* séchera et pourra être conservée de cette manière. Il perd une grande partie de son volume, mais il acquiert *un arôme suavissimo* . » — *Vittadini. Tiré des transactions du Woolhope Naturalists' Field Club.*

Champignons comestibles en Amérique. — Pour donner une idée des riches réserves de champignons qui poussent dans certaines parties éloignées de la terre, et dans des climats si différents du nôtre qu'on croirait à première vue que des corps aussi fragiles et fugaces que les champignons n'y abonderaient pas, le Une communication intéressante suivante du Dr Curtis, de Caroline du Sud, au révérend W. Berkeley est donnée ici. Il s'avérera digne de l'attention des lecteurs américains :

« Vous m'avez demandé de vous raconter mon « expérience avec les champignons comestibles d'Amérique ». Cela sera fait de la manière la plus satisfaisante, je présume, dans à peu près le même style dans lequel je vous le raconterais au coin de votre feu. Mon expérience ne remonte qu'à douze ou quinze ans environ. Vous vous souvenez peut-être qu'avant cette période, j'avais exprimé une peur de ces produits comestibles, car j'avais grandi avec les préjugés courants à leur encontre entretenus par la plupart des gens dans ce pays. Ayant parfois entendu parler de terribles accidents dus à leur utilisation, et sachant qu'il existait une abondance d'autres aliments sains, je n'avais aucune envie de courir le moindre risque en augmentant inutilement mon menu. J'avais ainsi dépassé la quarantaine sans avoir goûté une seule fois un champignon.

« Mais à mesure que, sous votre direction et votre aide, ma connaissance des champignons s'est accrue, la confiance dans ma capacité à distinguer les espèces a grandi avec elle, et la curiosité de tester les qualités de ces articles tant loués a eu raison de la timidité ; et maintenant, je suppose, je peux affirmer avec certitude que j'ai mangé une plus grande variété de champignons que quiconque sur le continent américain. J'ai même introduit plusieurs espèces auparavant inédites et inconnues. Depuis le début de mes expériences, cependant, j'ai fait preuve d'une grande prudence, même avec des espèces reconnues depuis longtemps comme sûres et saines. Dans tous les cas, j'ai commencé avec une seule bouchée. Aucun effet indésirable ne s'ensuivit, je fis un deuxième essai sur deux ou trois bouchées, et ainsi de suite progressivement jusqu'à en faire un repas complet. Heureusement, je n'ai jamais rencontré d'espèces espiègles, même si j'en ai mangé librement une quarantaine d'espèces. Cela est peut-être dû à ma connaissance générale des espèces qui ont été utilisées depuis longtemps en Europe, et c'est pourquoi je n'ai fait aucune expérience sur de nouvelles espèces qui n'avaient pas quelque affinité ou analogie avec elles.

« Par exemple, *A. campestris* et *A. arvensis* étant sains, je ne doutais pas que *A. amygdalinus* (une nouvelle espèce étroitement apparentée à *A. arvensis*) puisse être tentée en toute sécurité, et cela s'est avéré tout aussi sûr et agréable au goût. En effet, cette espèce peut être considérée comme la plus sûre de toutes les espèces à cueillir, car elle peut être discriminée de toutes les autres, même par un enfant ou une personne aveugle. Son goût et son odeur ressemblent tellement à ceux des noyaux de pêche ou des amandes amères, que presque invariablement la ressemblance est immédiatement mentionnée par ceux qui le goûtent brut pour la première fois. Cette saveur se perd à la cuisson, à moins que le champignon ne soit pas assez cuit. Lorsqu'il est bien cuit, je ne peux pas le distinguer moi-même de *A. campestris*. Une ou deux personnes ont exprimé l'opinion qu'elles pouvaient le distinguer et qu'il n'était pas aussi bon. D'autres, encore une fois, sont tout aussi convaincus que c'est mieux. À l'état brut, je le considère comme le plus savoureux de tous les champignons, car il laisse en bouche un arrière-goût très agréable, tout à fait égal à celui des amandes. C'est la chose que je vous ai envoyée il y a quelques années pour vous cultiver, mais qui n'a pas réussi à grandir. J'aimerais beaucoup qu'il soit propagé en Angleterre, afin que nous puissions vérifier s'il subirait un changement de qualités dans un sol et un climat différents. Je soupçonne depuis un certain temps que tel est le cas de beaucoup de nos espèces. Ainsi, dans les livres européens, la Morille est décrite comme possédant une saveur particulière, qui a donné son nom à la Griotte. Je ne détecte rien de tel chez nos morilles. Vous parlez d'*A. Cæsareus* (dans *Introd. Crypt. Bot.*) comme étant « peut-être le plus délicieux de tous les champignons ». Celui-ci pousse en grande quantité dans nos forêts de chênes, et peut être obtenu par charrettes en sa saison ; mais à mon goût, et à celui de toute ma famille, c'est le plus désagréable de tous nos champignons, et je ne trouve pas non plus beaucoup de nos mycophages les plus passionnés qui avoueront qu'ils l'aiment. Je l'ai essayé dans presque tous les modes de cuisine, mais sans succès. Il y a une saveur saline désagréable que nous ne pouvons ni supprimer ni superposer.

« Dans la section *Tricholoma* , où se trouvent plusieurs espèces connues depuis longtemps comme comestibles, je n'ai pas hésité à expérimenter celles qui avaient l'odeur et le goût de la farine fraîche. J'ai commencé par *A. frumentaceus* , sans savoir dans les livres s'il avait été consommé en Europe. A cela j'ai ajouté par la suite trois nouvelles espèces américaines appartenant au même groupe. Tous sont excellents en compote et sont particulièrement précieux pour leur apparition à la fin de l'automne, même lors de fortes gelées, lorsque les autres agarics sont pour la plupart hors saison.

« Encore une fois, il semblait y avoir une telle similitude de texture et d'habitude entre *A. cæspitosus* (*Lentinus* , Berk.) et *A. melleus* , bien que le premier appartienne à *Clitocybe* , que la tentation de l'essayer était irrésistible. Comme on le trouve ici en quantités énormes et qu'un seul groupe contient souvent cinquante à cent tiges, il pourrait bien être considéré comme une espèce précieuse en période de rareté. Il ne serait pas hautement estimé là où l'on pouvait en trouver d'autres et meilleures ; mais il est généralement préféré à *A. melleus* . J'ai trouvé cette espèce très adaptée au séchage pour une utilisation hivernale.

« Parmi les *Boleti* , je me suis aventuré, ignorant s'il avait déjà été mangé, à essayer *B. collinitus* , en raison de sa relation étroite avec *B. flavidus* . Je n'aime pas particulièrement *les Boleti* , mais cette espèce a été jugée délicieuse par certains à qui je l'ai envoyée.

« Ainsi, parmi les *Polypores* , je n'avais aucune crainte de préjudice lié à l'utilisation d'une nouvelle espèce américaine (*P. poripes* , Fr.), en raison de sa parenté avec *P. ovinus* , dans sa texture et sa saveur. Le goût du spécimen brut est semblable à celui des meilleures châtaignes ou avelines. On l'a même comparé à la noix de coco, et sa saveur est certainement très agréable. Il ne constitue cependant pas un plat de qualité supérieure pour la table, étant un peu trop sec, mais il est innocent et probablement nutritif.

« Du groupe des *Polypores ' Merisma '* , ayant déjà essayé *P. frondosus* , *P. confluens* et *P. sulfureus* , je me suis aventuré, après quelques hésitations et avec plus de prudence que d'habitude, à tester les vertus d'une nouvelle espèce américaine (*P. Berkelei* , Fr.), malgré le piquant intense de la matière première, qui mord aussi violemment que *Lactarius piperatus* . Lorsqu'elle est jeune, et avant que les pores soient visibles, la substance est tout à fait croustillante et cassante, et dans cet état je l'ai mangée impunément et avec satisfaction, son piquant étant entièrement dissipé par la cuisson. Je ne le crois cependant pas comparable au *P. confluens* , qui est plutôt un favori chez moi, comme il l'est chez quelques autres à qui je l'ai présenté. *P. sulfureus* est tout simplement tolérable ; sûr, mais pas convoité quand on peut aller mieux. Quand je dis sûr, je veux dire non toxique. Je ne peux pas le recommander comme régime alimentaire pour les estomacs faibles, ce qui devrait être le cas de certains autres champignons de texture similaire. Je me souviens ici d'une expérience que j'ai eue il y a trois ou quatre ans avec cette espèce, qui m'aurait beaucoup alarmé si elle s'était produite plus tôt dans mes expériences, et qui aurait probablement dissuadé toute personne non habituée à ce genre de régime de jamais s'y livrer à nouveau. J'en avais un plat somptueux sur ma table de souper, auquel la plupart de ma famille, ainsi qu'un invité séjournant chez nous, prirent très librement. Pendant la nuit, je suis tombé extrêmement malade et je n'ai été soulagé qu'après mon souper. Ma première pensée, à l'avènement de ma maladie, fut pour *Polyporus sulfureus* ; mais comme je me rappelais que l'inflammation était un des symptômes d'une intoxication fongique, et que je ne pouvais déceler aucun indice de cela dans mon cas, j'ai vite écarté la peur naissante, je n'ai pas fait appeler le médecin ni pris aucun remède. D'autres, qui avaient consommé le champignon plus librement que moi, n'étaient pas du tout affectés ; et je présume que ma maladie n'a pas été provoquée plus par le *Polyporus* que par le pain et le beurre que j'avais mangés. Et pourtant, si j'avais mangé seul ce plat, ou si un ou deux autres avaient été affectés de la même manière, certains auraient sans doute attribué l'attaque nocturne au champignon ; ou si cela avait été mon premier essai de cet article, peut-être l'aurais-je toujours considéré avec suspicion. J'appris quelques jours après par un de nos médecins que ce genre de maladie était alors assez répandu dans la communauté et ne pouvait être attribué à aucune cause connue. Pour le crédit de cette espèce, nous avons donc heureusement pu distinguer le *post hoc* du *propter hoc* .

« Il y a des familles en Amérique qui, depuis des générations, mangent librement et chaque année des champignons, préservant ainsi une habitude apportée d'Europe par leurs ancêtres. En aucun cas je n'ai entendu parler d'un accident parmi eux. Je n'ai connu aucun cas d'empoisonnement aux champignons dans ce pays, sauf lorsque les victimes se sont témérairement aventurées dans l'expérience sans distinguer une espèce d'une autre. Parmi les familles mentionnées ci-dessus, je n'en ai rencontré aucune dont la connaissance des champignons s'étendait au-delà de l'espèce commune (*A. campestris*), appelée branchie rose dans ce pays. Plusieurs de ces familles vivent près de chez moi, mais aucune d'elles ne savait, jusqu'à ce que je les informe, qu'il existe d'autres espèces comestibles. Tout sauf la branchie rose, qui avait la forme d'un champignon, était pour eux un champignon vénéneux. Lorsque j'envoyai pour la première fois mon fils avec un beau panier d'impériaux (*A. Cæsareus*), chez un médecin intelligent, qui aimait énormément le champignon commun, le garçon fut accueilli par l'exclamation indignée : « Mon garçon, je n'en mangerais pas un seul. de ces choses pour sauver la tête de ton père ! Lorsqu'on lui a dit qu'on les mangeait à ma table, il les a acceptés, les a mangés et en a mangé bien d'autres depuis, en toute sécurité et avec beaucoup de délectation. Depuis, nos mycophages mangent tout ce que je leur envoie, sans crainte ni soupçon.

« Je me suis intéressé à étendre la connaissance de ces choses parmi les amateurs de champignons, ainsi que leur utilisation parmi ceux qui ne les ont jamais essayés auparavant. Dans ce dernier ouvrage, je ne réussis pas toujours, à cause d'un fort préjugé contre les légumes aux noms si méprisables et d'une peur invincible des accidents. Pourtant, comme dans mon propre cas, la curiosité triomphe souvent de ces erreurs. Lorsque je suis loin de chez moi, j'ai souvent obtenu l'autorisation d'une aimable hôtesse pour cuisiner un plat de champignons que j'avais trouvé chez elle. Il est rarement arrivé dans de tels cas que le plat, alors goûté pour la première fois, ne soit pas déclaré délicieux, ou la meilleure chose jamais mise en bouche. Cette dernière expression était autrefois utilisée en référence à un article aussi indifférent que *A. salignus* . En effet, j'ai trouvé plusieurs personnes qui classent cette espèce parmi les espèces les plus savoureuses. De telles personnes ne manquent rarement d'un plat de champignons frais, car celui-ci peut être mangé tous les mois de l'année sous cette latitude. Je suis porté à croire que la qualité de cette espèce varie selon l'espèce de bois d'où elle pousse, et qu'elle est plus savoureuse lorsqu'elle est récoltée sur le mûrier, et particulièrement sur le caryer, que lorsqu'elle est récoltée sur la plupart des autres arbres. Son aptitude à la table semble aussi dépendre beaucoup de la rapidité de sa croissance ; ceux qui poussent lentement, comme c'est le cas de certains de nos légumes du jardin, étant de texture plus dure et de saveur moins délicate. Un soleil chaud après de fortes pluies les fait ressortir dans leur plus grande perfection.

« Des personnes qui mangeaient des champignons pour la première fois m'ont demandé à plusieurs reprises si ces choses appartenaient au règne végétal ou animal. Il y a certainement une ressemblance très sensible dans la saveur de certains d'entre eux avec celle de la chair, du poisson ou des mollusques, de sorte que la question, fondée uniquement sur le goût, n'est pas contre nature. Mais j'ai été très frappé par son opportunité en lisant il y a quelques années un article dans le «Fraser's Magazine», écrit par feu M. Broderip, qui y dit que les champignons contiennent de l'osmazome. Si tel est le cas, cela explique à la fois leur saveur et leur valeur alimentaire. J'étais si bien convaincu de cette dernière qualité que, pendant notre dernière guerre, j'affirmais parfois, et je doute qu'il y ait beaucoup, voire aucune exagération dans cette affirmation, que dans certaines parties du pays je pourrais entretenir un régiment de soldats. soldats cinq mois par an uniquement avec des champignons.

« Cela nous amène à une remarque à ne pas négliger sur la grande abondance de champignons comestibles aux États-Unis. Je pense que c'est le Dr Badham qui se vante de leur nombre inhabituel en Grande-Bretagne, affirmant qu'il existe trente espèces comestibles dans ce royaume. Je ne peux m'empêcher de penser qu'il s'agit d'une sous-estimation. Mais si le médecin a raison, il n'y a aucune comparaison entre le nombre dans votre pays et celui-ci. J'ai collecté et mangé quarante espèces trouvées dans un rayon de trois kilomètres autour de chez moi. Il y en a d'autres dans cette limite que je n'ai pas encore mangés. Dans le catalogue des plantes de la Caroline du Nord, vous remarquerez que j'ai indiqué cent onze espèces de champignons comestibles connues pour habiter cet État. Je n'en doute pas, car la partie alpine de l'État, très étendue et très variée, a été très peu explorée à la recherche de champignons.

« En octobre 1866, alors que j'étais sur les monts Cumberland dans le Tennessee, un plateau à moins de 1 000 pieds au-dessus des vallées en contrebas, bien que n'ayant que très peu de temps pour l'examiner pendant les deux jours passés là-bas, j'ai dénombré dix-huit espèces de champignons comestibles. Parmi les quatre ou cinq espèces que j'y ai rassemblées pour la table, tous ceux qui en ont mangé, dont aucun n'avait auparavant mangé de champignons, les ont déclarés avec la plus grande insistance délicieux. A mon retour, en m'arrêtant quelques heures dans une gare de Virginie, j'ai rassemblé huit bonnes espèces à quelques centaines de mètres du dépôt. Et cela semble être le cas dans tout le pays. Collines et plaines, montagnes et vallées, bois, champs et pâturages fourmillent d'une profusion de bons champignons nutritifs, qu'on laisse se décomposer là où ils poussent, parce que les gens ne savent pas comment les utiliser ou ont peur de les utiliser. Ceux d'entre nous qui connaissent leur utilité ont été appréciés comme jamais auparavant, au cours de notre dernière guerre, lorsque les autres aliments, en particulier la viande, étaient rares et chers. Ensuite, les personnes que j'ai entendu exprimer une préférence pour les champignons plutôt que pour la viande n'avaient généralement pas besoin de manquer de nourriture appréciable, car elle était facile à obtenir pour la cueillette et à une distance facile de leur domicile si elles vivaient à la campagne. Mais cela n'a pas toujours été le cas. Je me souviens d'une occasion, au cours de la période sombre, où il y avait eu une sécheresse prolongée et où les champignons charnus ne se trouvaient que dans les bois humides et ombragés, et même là, peu nombreux, je n'ai pas pu trouver suffisamment d'une seule espèce pour un repas; Ainsi, rassemblant des plats de toutes sortes, j'en ai ramené à la maison treize espèces différentes, je les ai tous fait cuire ensemble dans un grand *pot-pourri* et j'ai préparé un excellent souper. Parmi ceux-ci se trouvait la Chantarelle, sur laquelle je voudrais dire quelques mots pour confirmer ce que j'ai déjà dit sur les qualités variables des champignons selon les régions et les localités. Vous avez écrit quelque part que ce champignon est un mets si hautement estimé, qu'il est très recherché lors d'un dîner d'État à Londres. Est-ce dû au fait que c'est une rareté ? (car rien de commun et de facile à obtenir n'est considéré comme un mets délicat, je crois), ou parce que vous l'avez de saveur plus fine en Angleterre ? Ici, où il abonde, personne ne semble s'en soucier, et certains renonceraient complètement aux champignons plutôt que d'en manger. Sa qualité varie certainement beaucoup, car je l'ai parfois trouvé assez savoureux, et encore une fois, bien que cuit selon le même mode, très indifférent. Je n'ai pas pu déterminer si cette différence était due à la localité, à l'exposition, à l'ombre, au sol, à l'humidité ou à la température. Ce terroir a beaucoup à voir avec la saveur de certaines espèces de champignons, j'en suis convaincu. Dans un paquet de branchies roses, j'ai parfois trouvé un ou deux spécimens, quoique parfaitement sains, d'une odeur et d'un goût si désagréables qu'ils gâteraient un plat entier. Il en est de même de la boule de neige (*A. arvensis*), dont je trouve chaque année quelques beaux spécimens poussant près de chez moi, sur un gazon herbeux qui recouvre un tas de détritus constitués de bâtons décomposés, de feuilles et de grattages du sol attenant. Leur goût et leur odeur sont parfaitement détestables. J'en ai fait cuire un spécimen, mais aucune quantité d'assaisonnement ne pouvait atténuer le caractère offensant de cette chose odieuse ; pourtant, à moins de cent mètres de ceux-ci, je cueille des spécimens de la même espèce identique, qui sont d'une saveur fine, égale à celle des meilleurs champignons. Comme j'ai déjà indiqué la saveur variable des champignons poussant sur différents types de bois, je suppose ici que les qualités désagréables de certains spécimens de ces deux espèces bien connues et préférées peuvent être dues à quelque chose dans le sol où ils poussent et qu'ils ne peut pas s'assimiler, et rend ainsi une espèce savoureuse et saine totalement impropre à la table. Je ne ressens aucune tentation de prouver si de tels spécimens, s'ils étaient consommés, seraient toxiques ou malsains. Il est peu probable qu'ils commettent un jour le moindre mal, car il est incroyable qu'un être humain puisse pervertir ses instincts au point d'avaler une concoction aussi ignoble.

« Une expérience et des observations comme celles-ci justifieraient peut-être la conclusion qu'une espèce inoffensive peut parfois être délétère, du fait qu'elle absorbe un mauvais élément du sol. Mais comme je n'ai jamais connu de cas d'empoisonnement dans des familles qui connaissent bien le champignon commun ou la branchie rose, qui récoltent les spécimens pour elles-mêmes et qui utilisent cet aliment chaque année depuis de nombreuses générations, je ne peux pas être d'accord avec une suggestion quelque part. faites par vous, que peut-être tous les champignons contiennent un élément vénéneux, mais certains d'entre eux en si petite quantité qu'ils n'ont aucun effet appréciable. Or, si vous aviez vu les quantités de compotes de champignons avalées au cours d'un seul repas que j'ai vu ainsi dévorées, et sans plus de mal qu'avec la même quantité de soupe d'huîtres ou de tortue, je pense que vous seriez forcé de conclure qu'une telle compote de champignons La quantité, même d'infinitésimales venimeuses, doit avoir eu des manifestations très désagréables, ou bien être un régime très innocent.

« On dit que la vente de branchies roses (*A. campestris*) est interdite sur les marchés italiens, car cette espèce s'est souvent révélée toxique. Cela ne pourrait-il pas avoir été provoqué par des collectionneurs ignorants et négligents ou par des inspecteurs sans valeur ? À nous, en Amérique, qui utilisons cette espèce si librement et sans crainte, la malédiction des Italiens : « Qu'il meure d'un Pratiolo ! n'aurait pas plus de terreur que « Qu'il meure de douleur aromatique ».

« Nos champignons les meilleurs et standards sont les branchies roses (*A. campestris*) ; boule de neige (*A. arvensis*); noyau de pêche (*A. amygdalinus*); noix (*A. procerus*); français (*A. prunulus*); morille (*M. esculenta*); corail (*Clavaria*); et omelette (*Lycoperdon giganteum*). Ceux-ci jouissent presque universellement d'une haute estime. Pourtant les goûts diffèrent sur ces choses comme sur les fruits et légumes ; certains en mettent un, d'autres un autre, en tête de la liste, bien qu'ils soient friands de tous et toujours prêts à utiliser n'importe lequel d'entre eux – comme celui qui préfère une pêche peut pourtant savourer une pomme. Certains parmi nous considèrent *A. procerus* comme pleinement égal à *A. campestris* , et je suis presque du même avis. Lorsqu'il est grillé ou frit, il constitue un véritable morceau succulent. Je mentionne à ce propos que cette espèce porte ici le nom de champignon à noix, d'après une qualité que je ne trouve pas mentionnée dans les livres qui la décrivent. La tige, lorsqu'elle est fraîche et jeune, a une douce saveur de noisette, très similaire à celle de la noisette. Est-ce votre cas ? Sa saveur est si agréable que j'aime mâcher les tiges fraîches. De par cette particularité liée à son anneau mobile, à sa forme et à ses couleurs, je la considère comme une espèce parfaitement sûre à recommander pour la collection. Nous n'avons aucune espèce susceptible d'être confondue avec elle, à l'exception *de A. rachodes* , et j'en ai pleinement testé l'innocence avant de recommander la première aux autres. Certains l'ont soupçonné, mais je l'ai trouvé inoffensif. Bien qu'assez bien parfumé, il n'est pas comparable à *A. procerus* , et la chair est si fine et spongieuse que personne ne la choisirait lorsqu'il s'agit d'avoir des textures plus compactes. *A. excoriatus* , du même groupe, est une espèce de loin préférable.

« Le Morel est un de mes plus grands favoris, mais on ne le trouve en quantité que dans les régions calcaires. Il y a quelques jours (le 21 avril), j'en ai mangé une douzaine pour le souper, le plus grand nombre que j'aie jamais mangé à la fois.

« Le *Lycoperdon giganteum* est aussi un grand favori chez moi, comme d'ailleurs chez toutes mes connaissances qui l'ont essayé. Elle n'a pas l'arôme élevé de certaines autres, mais elle a une saveur délicate qui la rend supérieure à toutes les omelettes que j'ai jamais mangées. Il semble, en outre, si digeste qu'il s'adapte aux estomacs les plus délicats. C'est le sud des champignons.

« Sous cette latitude (environ 36 degrés), nous pouvons trouver de bons champignons pour la table pendant neuf ou dix mois de l'année. Y compris *A. salignus* , dont certains sont très friands, nous pouvons en avoir tous les mois, car cette espèce sort lors de toute période chaude de l'hiver. *A. campestris* fait son apparition ici dès mars, mais n'est en pleine récolte qu'en septembre. Plusieurs excellentes espèces du groupe *Tricholoma* ne poussent qu'après l'arrivée des gelées et se poursuivent jusqu'en décembre. C'est également le cas de *Boletus collinitus* , qui émerge parfois de la terre gelée.

« Ces observations et expériences se limitent principalement aux Carolines ; bien que je présume, d'après des observations fortuites ailleurs et des informations provenant de correspondants dans d'autres États, que, en tenant compte des différences de climat et de la longueur des saisons, ce que j'ai dit est généralement applicable à l'ensemble du pays.

Pourquoi nous ne devrions pas manger de champignons.

L'intéressant article suivant du révérend JD La Touche a été lu lors d'une réunion du Woolhope Naturalists' Field Club : -

« On dit qu'à Rome, lorsqu'un mortel est sur le point d'être élevé à la dignité de sainteté, on prend la précaution de se munir d'un « avocat du diable » qui, en soulignant le plus fortement possible tous les défauts du candidat. , assure une discussion équitable des deux côtés de la question, et est en outre une garantie qu'aucun aspirant indigne à des honneurs aussi élevés n'y sera témérairement admis.

« À l'occasion actuelle, j'ose me présenter en cette qualité peu aimable. En effet, aucun membre de ce Club respecté ne cherche à être canonisé, mais une étape non moins importante est envisagée dans l'inscription d'un membre jusqu'ici méprisé et même abhorré du règne végétal parmi la liste de ses produits comestibles ; en fait, certains pourraient considérer qu'une telle démarche est plus importante pour notre race que l'apothéose d'un mortel peccant ; et il semblerait donc que, si dans un cas il est désirable que toutes les peccadilles du candidat soient exposées, *a fortiori* , il doit en être ainsi dans l'autre.

« Laissez-moi donc d'abord remarquer que ces messieurs du bar ont en réalité un très mauvais caractère, et qu'il est peu probable que cela soit le cas s'ils n'étaient vraiment de grands pécheurs.

« Ici, certains s'écrieront sans doute : « Préjugés, mon cher monsieur ! Les préjugés vulgaires sont capables de l'injustice la plus grossière : des préjugés ignorants ont chassé de nos tables un aliment délicieux et privé les pauvres d'une alimentation saine. On dit souvent que c'était un homme courageux qui mangea pour la première fois une huître, et on pouvait difficilement imaginer une bouchée plus peu attrayante qu'elle ne l'était ; et pourtant le fait qu'il *soit* bon et sain a rapidement éliminé tout préjugé à son encontre. Et n'est-il pas probable que tel serait le cas si la tribu des champignons était propre à l'alimentation humaine ? Pouvons-nous supposer que les préjugés découlant de leur apparence coriace ne s'évaporeraient pas comme des brumes devant le soleil du matin, s'ils étaient réellement les friandises nutritives et délicieuses qu'ils sont décrits comme étant par leurs défenseurs enthousiastes ?

« Je pense qu'on peut observer que le caractère général qu'un homme porte est, dans l'ensemble, vrai. Cette grande école, le monde dans lequel nous vivons, parvient, d'une manière ou d'une autre, à évaluer assez précisément notre mérite moyen et à prendre notre mesure, et même si elle peut se tromper de temps en temps dans tel cas particulier, son estimation générale est juste; et donc avec les champignons. Il se peut que l'on condamne de manière trop radicale toutes sortes d'espèces : il est même probable qu'Agaricus *campestris* ne soit pas le meilleur qui pousse, et pourtant, après tout, la méfiance qui prévaut à l'égard de cette tribu est bien fondée.

"Quand, *par exemple*, on sait qu'une famille d'une paroisse a été empoisonnée en mangeant une mauvaise sorte, il n'est pas surprenant, et on ne peut pas non plus appeler cela un préjugé stupide, si leurs voisins se montrent finalement plutôt timides à l'égard de l'article de nourriture qui a produit ce résultat. Mais on dira que le mal est né de l'ignorance ; si cette famille avait connu les marques qui distinguent les espèces saines des espèces vénéneuses, cela n'aurait jamais eu lieu. S'il y a jamais eu un cas dans lequel l'ignorance était un bonheur, c'est bien celui-là. Il y a peu de temps, j'ai accompagné un ami scientifique dans une incursion parmi les champignons, que nous avons faite dans le but particulier d'améliorer le repas que nous avions prévu, et j'ai été frappé à cette occasion par les précautions complexes qu'il semblait nécessaire d'observer dans discriminer le bien du mal. Il semblerait presque que la nature ait délibérément inventé un labyrinthe de pierres d'achoppement ingénieuses pour protéger ce mystérieux produit des appétits insatiables de l'humanité ; et c'est ainsi qu'après tout, mon bon ami, qui semblait vraiment bien au fait du sujet et qui trouvait à chaque instant quelque test bien connu de salubrité ou autre pour le guider dans les spécimens que nous avons collectés, a terminé la journée. en empoisonnant presque un membre de ma famille : car il avait, semble-t-il, confondu *Boletus flavus*, un poison violent, avec le très semblable mais sain et excellent *Boletus luteus* — la seule différence étant que les pores de celui-ci sont un peu plus petits et moins larges. anguleux que ceux de l'autre. Assurément, dans ce cas, la connaissance (et dans son cas non plus il ne s'agissait pas d'une petite connaissance) était une chose dangereuse.

« Mais on peut néanmoins dire qu'il existe des espèces dont les caractères sont suffisamment bien définis, et que chez celles-ci au moins le stigmate devrait être ôté. Mais même ainsi, je poserais une ou deux questions à ceux qui seraient enclins à l'admettre. 1er. Est-il si clair qu'un champignon qui convient à une personne peut ne pas être très nuisible à une autre ? Un homme a, pour employer une expression vulgaire, un ventre de cheval. Puis-je, en tant que mortel moyen, espérer posséder un tel trésor ? J'ai vu de mes propres yeux mon ami scientifique manger et avaler un *Boletus flavus entier* , cru, sans effets néfastes apparents ni le soir ni le lendemain, alors qu'une petite portion du même genre, cuite aussi (je ne peux cependant pas le dire). *secundum artem*), a provoqué une maladie violente chez un autre individu, qui d'ailleurs n'avait jamais éprouvé de maladie auparavant ; en fait, ce fait semble suggérer que l'estomac peut être « éduqué » par une longue habitude à supporter cette nourriture nocive et, par conséquent, que ses effets néfastes (inoffensifs pour les organes bien entraînés) se produisent lorsque l' *experimentum in corpore vili* est essayé. Mon ami m'assure qu'il a mangé des *Boletus satanas, très toxiques* , sans pire effet qu'une petite indigestion le lendemain matin. L'expérience d'un appareil digestif aussi expérimenté que le sien peut-elle être un guide pour ceux qui n'ont pas suivi la formation qu'il a ?

« Encore une fois, ne serait-il pas possible que le même type de champignon, qui dans certains cas est sain, puisse, s'il est cultivé dans des circonstances différentes et s'il reçoit des nutriments différents, acquérir des propriétés très différentes ? Et encore une fois, sommes-nous compétents pour juger de la salubrité d'un aliment particulier à moins qu'un très grand nombre d'entre persons—unlesseux ne l'essaient d'être « exposé », pour employer un terme médical, sur une grande variété de constitutions ? En effet, n'y a-t-il pas lieu de penser qu'une telle exposition serait dans de nombreux cas loin d'être satisfaisante ?

« Dans l'ensemble, il semblerait que les conseils d'un éminent médecin, fervent admirateur du champignon, aient été bons et judicieux. Lorsqu'il a entendu parler de l'évasion de ma famille à cette occasion, il a dit que cet article de régime devait être suivi avec « une grande prudence ». Et d'ailleurs, n'est-ce pas en soi une expression très suspecte ? « Grande prudence ! » Si l'on me présente un gentleman et qu'on me dit en même temps que je dois me comporter à son égard avec « une grande prudence », sinon il me fera probablement un mal mortel, cela ne sera guère considéré comme une introduction très chaleureuse et prometteuse ; pourtant on nous dit ici que cette excellente famille à laquelle nous sommes si chaleureusement présentés compte certains membres si méchants que nous pourrons peut-être payer pour connaître notre vie. Ce n'est pas très encourageant, et aussi la conduite adoptée par une jeune dame qui se livre à ces expériences, à qui je parlais l'autre jour, semble-t-elle très prudente. Elle dit qu'elle ne mange jamais ces friandises avant d'avoir vu l'effet qu'elles ont produit sur quelqu'un d'autre ! Mais même ainsi, imaginez seulement la scène horrible que présenterait un banquet de ce genre ; chaque convive regarde anxieusement le visage de son voisin, attendant avec terreur les contorsions qui doivent montrer qu'il a pris part au plat fatal.

Bien que l'article de M. La Touche ne doive pas nous empêcher d'utiliser et de montrer aux autres la valeur des quantités de champignons *comestibles* que l'on laisse maintenant généralement pourrir dans nos champs et nos bois, et peut-être nulle part en aussi grande quantité que dans les terrains d'agrément et les bois autour des propriétés de campagne, cependant, comme il souligne la nécessité de faire preuve de discernement lors du rassemblement, il peut être lu avec avantage par tous.